# 動物たちの内なる生活

## 森林管理官が聴いた野生の声

ペーター・ヴォールレーベン
本田雅也 訳

**Das Seelenleben der Tiere:**
Liebe, Trauer, Mitgefühl – Erstaunliche Einblicke in eine verborgene Welt

Peter Wohlleben

早川書房

# 動物たちの内なる生活

——森林管理官が聴いた野生の声

DAS SEELENLEBEN DER TIERE
*Liebe, Trauer, Mitgefühl – Erstaunliche Einblicke in eine verborgene Welt*
by
Peter Wohlleben

Translated by
Masaya Honda
First published 2018 in Japan by
Hayakawa Publishing, Inc.
This book is published in Japan by
arrangement with
Verlagsgruppe Random House GmbH
through Meike Marx.

装幀／仁木順平

目次

# まえがき

オンドリがメンドリに嘘をつくだって？　メスのシカが悲しみに暮れる？　ウマが羞《は》じらう？　数年前なら、そんなのぜんぶファンタジーの世界の話、お気に入りの動物をもっと身近に感じたい動物好きが願望を口にしているだけじゃないか、と言われただろう。そして私も、そんな夢見る動物好きのひとりだった。だってこれまでの人生、ずっと動物たちとともに過ごしてきたのだから。両親が飼っていて、私のことを自分のママとして選んでくれたヒヨコたち。上機嫌な鳴き声で、私たちの日常を豊かなものにしてくれるヤギたち。毎日の営林区巡回で出会う、森の動物たち。彼らと接するたびにいつも浮かんでくるのは、その頭のなかではいったいなにが起こっているのだろう、という疑問である。多彩な感情をたっぷり味わっているのはわれわれ人間だけだ、と科学者たちは長年主張してきたけれど、ほんとうにそうなのだろうか？　造物主は私たちだけのために、生きものとして自覚ある満ち足りた生を保障してくれる特別な道を作ってくれた、ということなのだろうか？

そうだとしたら、この本はここでおしまいだ。もし人間が生物学的な構築物という意味において特殊な存在であるなら、自分を他の生物種と比べることなどできないはずだから。動物たちに共感を寄せるなんてまったく意味がない。なぜなら私たちは彼らのなかでなにが起こっているか、感じ取ることなどできないはずだから。けれど幸運なことに、自然は誰かを特別扱いし手間暇かける道を選ばなかった。進化というのは節約家で、その都度手元にあるもの「だけ」を改造し、手を加えてきた。そう、コンピューターのシステムと同じなのだ。ウィンドウズ10が先行バージョンの動作手順を踏襲しているのと同様に、私たちのなかでも、我らが始祖の遺伝的プログラムが機能しているのである。そしてそのプログラムは、この系統から数百万年のあいだに分岐した先にある、他のあらゆる種のなかで働いている。だから、私はこう考えている。別の種類の悲しみ、別の痛み、別の愛があるのではない。ブタだって、私たちと同じように感じている、と。大胆なもの言いだと思われるだろうか。でも、ブタが怪我をしたときにわき起こる感情が私たちのそれよりずっと小さいなんて、ありえない。可能性はゼロと言ってもいいほどだ。科学者は「おいおい」と叫ぶかもしれない。そんなこと、なんの証拠もないじゃないか、と。そのとおり。立証することはけっしてできないだろう。けれど、あなたが私と同じように感じているかどうかだって、やはり理屈で考えるほかはない。誰も他人のなかを覗くことなどできないし、たとえば針のひと刺しが地球上の七〇億の人間すべてに同じ感覚を引き起こすと証明することも、誰にもできないのだ。ともあれ人間は、感覚を言葉で捉え表現することができる。それらの報告をかんがみれば、どうやらすべての人間において知覚のレベルで同じことが生じている可能性は高い。

だからこそ、キッチンにあった深皿いっぱいのジャガイモ団子《クネーデル》を平らげたあと、そしらぬ顔でとぼけていたうちのメスイヌ、マクシは、生ける大食らいロボットなどではなく、精妙で愛すべきいたずら者なのである。思い込みかもしれないけれど、じっくり見れば見るほど、飼っている家畜や森にいる彼らの野生の親類たちに、人間的な心の動きばかりを見出してしまうのだ。そして、その点で私はひとりぼっちじゃない。多くの動物種が私たちと共通の性質を分け持っているという認識にいたる研究者は、どんどん増えている。カラスのあいだにはほんとうの愛があるって？　たしかにあると考えられている。リスは親族の名前を知っているだって？　ずいぶん昔にそう報告されている。どこに目を向けようと、そこには愛があり、共感があり、喜びに満ちた生がある。この種のテーマに関する科学的研究が、今では数多く存在するのである。だが個々の研究がカバーするのはごく一部の領域だけだし、気軽な読み物としてはもちろん、良き理解にもとうてい適さぬほどの無味乾燥な書きぶりであることがしばしばだ。だから私はこの場で、皆さんの通訳となり、わくわくするような研究成果を日常語へと翻訳し、ジクソーパズルのピースを全体へとはめ込み、さらには私自身の観察をスパイスとして全体に振りかけようと思う。それとともに、私たちを取り巻く動物世界の姿が浮かび上がってくるはずだ。固定した遺伝的コードによって駆動されるうつろな生体ロボットとしての種という例のイメージが、そこでは気の置けぬ存在へ、愛すべき小さな妖精へと変わっていくだろう。そして実際のところ、彼らはまさにそういう存在なのである。わが営林区を散策すれば、わが家のヤギやウマやウサギのそばにいれば、さらには皆さん自身がお住まいの地区にある公園や森のなかでだって、それが見て取れるはず。さあ、いっしょに行きますか？

# 倒れるほどの母の愛

一九六六年の、ある暑い夏の日のことだった。妻と私は涼を求めて、庭の木陰にビニールプールをしつらえた。わが子ふたりと水につかりながら、舟形に切った果汁たっぷりのスイカにかぶりつく。ふと、視野の片隅でなにかが動くのが見えた。赤褐色の塊《かたまり》が、こちらに向かってぴょんぴょんと跳ねてくるのだ。たまに、ちょっと動きが止まる。「リスだ！」と、子どもたちが興奮して叫んだ。私もうれしくなったけれど、その気持ちはすぐに深い憂慮の念に変わった。リスが数歩跳ねたあと急に転倒したからだ。病気にでもかかっているのかなと思っていると、起き上がってさらに（私たちのほうに！）数歩すすんでくるリスの首に、大きなできものがあるのに気づいた。この動物、どうやら重い伝染病にでもかかっているようなのだ。リスはゆっくりと、しかし着実に、ビニールプールのほうへ向かってくる。私と子どもたちがその場をそっと離れようとしたそのとき、悲劇は感動的なシーンへと劇的に変化した。できものに見えたもの、それはリスの赤ちゃんだったのだ。毛皮の襟巻きみたいに、子リスが母リスの首のまわりにしがみついていたのである。母リスはそのせいで呼吸できなくなり、陽炎《かげろう》が立つほどの暑さもあいまって、数歩行っては息がもたずに疲れ果て、ひっくり返ってあえいでいたのだ。

リスの母親は、自分の子どもの世話を献身的におこなう。危険があれば、いま書いたようなやりかたで子どもたちを安全な場所へと運んでいく。リスは一回の出産で最大六匹の子を産むが、その子たちを首にしがみつかせて次々に運ぶのだから、母リスは全力を出し切ってしまうわけだ。そしてそうやって守っても、チビさんたちの生存率は高くない。八〇パーセントほどが、最初の誕生日を迎えられずに終わる。たとえば、夜。小さな赤い妖精たちにとって、死は眠っているあいだにやってくる。テンの一種であるマツテンが、木々の枝をするりと抜けて忍び寄り、夢見心地のリスたちに不意打ちを食らわせるのである。一方で明るいうちは、ほとんどの敵から逃げられる。陽の光のもと、オオタカが迫力満点の飛びかたで木々の幹を猛然とすり抜けながら、おいしい食事が顔を出すのを見張っている。そしてリスが見つかるやいなや、恐怖の「スパイラル」がはじまる。比喩でなく、文字どおりの意味で。つまり、リスが鳥から逃れようと幹の反対側へと回って身を隠せば、オオタカは急旋回して獲物を追いかける。リスはつむじ風のように木の周囲を回って逃げ、それをオオタカが追う。するとどうなるか。木の幹のまわりに、二匹の動物がおりなす急激な旋回運動が生じるのである。すばしこいほうが、勝つ。そして勝つのはたいてい、小さな哺乳類のほうなのだ。

だが敵という意味でいえば、どんな動物よりもずっとやっかいなのは、冬だ。リスたちは巣を作って寒い季節に備える。巣は梢の枝先に、球状に作られる。招かれざる客から逃げられるよう、前足で出口をふたつ作る。基礎構造はたくさんの小枝で、部屋の内部には柔らかい苔が敷きつめられている。苔は断熱に役立つし、なにより居心地がよい。居心地がよいだって？　そう、動物たちも快適さをおおいに重んじる。リスだって私たちと同じように、寝ているときに枝が背中にあたるのは嫌なのだ。ふわふわの苔のマットレスは、心地よい眠りを保証してくれる。

毎年時期がくると、芝生に生えている柔らかな緑の苔が摘み取られ、林に運ばれていくようすがオフィスの窓から見える。観察できるのはそれだけではない。秋になってナラやブナから実が落ちてくるやいなや、リスたちが栄養満点なそのドングリを拾い集め、数メートル先の地面に埋める。冬のあいだの蓄えにするためだ。リスは本格的な冬眠をしない。冬季休養の日々を、だいたいはウトウトしながら過ごす。身体《からだ》のエネルギー消費は通常より低くなるけれど、たとえばハリネズミほどには低下しない。リスは冬のあいだなんども目を覚ます。そして腹が減っているのに気づくと、すばやく木から駆けおりて、いくつも作った食べものの隠し場所を探しに行く。あちらこちらと探しに探す。リスが隠し場所を必死で思い出そうとしているようすを観察していると、ユーモラスだな、とはじめのうちは思う。こちらをちょっと掘ったかと思えば、こんどはあちらを掘り返し、その合い間に、まるで考えるのに疲れて休んでいるみたいにたびたび身を起こしたりして。いや、見つけるのは実際かなり難しいことなのだ。だってあの秋の日から、景色がすっかり変わってしまっているのだから。木々や茂みは葉を落とし、草は枯れ果て、さらに悪いことにはしばしば雪が降って、白い綿ですべてをくるみ込む。リスがひたすら探し回っているのをずっと見ていると、しだいに同情心がわいてくる。自然の選別は無慈悲なのであって、忘れっぽいリスたち、とりわけ当年生まれの若者の多くは、飢えのために次の春を迎えることができない。そして私は古い保護林で、ブナの若芽が身を寄せ合うように生えているのを見つけることになる。小さな茎《くき》のうえにチョウがとまっているように見えるブナの子どもは、ふつうはひとりぼっちで芽吹いている。固まって生えてくるのは、リスが実を掘り出しそこなった場所だけだ。つまりその背後には、忘れっぽいがゆえに不幸な最期をとげた、たくさんのリスたちがいるのである。

リスは私にとって、私たちが動物の世界をどのように区分けしているか考えるための格好の例でもある。ボタンのようにまん丸な黒目はなんとも愛らしく、赤みがかった色が印象的な柔らかい毛皮を持ち（茶色と黒の種類もいる）、人間に危害を加えることもない。春になれば忘れ去られたドングリ貯蔵庫から若木が芽生え、ゆえにリスは新たな森の創造者ともいえる。ようするにリスというのは、とりわけ好感度の高い動物なのである。しかし私たちは、そこで重要なことから目をそらしている。リスの大好物、それは鳥のヒナなのだ。実際、そんな略奪行為がおこなわれるさまを、営林署官舎の窓から見ることができる。春、リスが木の幹を登っていくと、ノハラツグミの群れに大騒ぎが起こる。古い松林のなか、巣穴の入り口近くで卵を温めているツグミたちは、木々のあいだを飛びまわりながらしきりと鳴き声をあげて侵入者を追い払おうとする。リスは彼らの不倶戴天の敵である。まだ産毛《うぶげ》が生えているだけのヒナを、顔色ひとつ変えずに次々とつかまえていくのだから。巣穴の狭さも、おチビさんたちをたいして守ってはくれない。リスは前足に長くとがった爪を持っていて、一見安全そうな木のムロのなかから巣立ち前のヒナを釣り上げてしまう。

さて、リスは良いやつなのか、それとも悪いやつなのか？　どちらでもない。リスは私たちの保護本能に訴えかけ、そのことが良い感情を呼び起こす。だがそれも自然の気まぐれの結果にすぎない。良いとか役に立つということと、それはなんの関係もないことだ。つまりはメダルの両面であって、同じく私たちに愛されている小鳥を殺すことがすなわち悪、というわけではない。動物は腹を空かせる。栄養たっぷりの母乳を必要としている子どもたちの世話もしなくてはならない。もしリスがたんぱく質の不足をモンシロチョウの幼虫で満たしていたとしたら、私たちは感激していただろうし、私たちの感情の針は一〇〇パーセント良いほうに振れていたことだろう。なぜってチョウの幼虫は野菜を栽培する私たちを悩ませているのだから。けれどモンシロチョウの幼虫だって、動物の子どもであるのは同じである。私たちの栄養摂取に使われている野菜をたまたま同じように好んで食べるというだけの理由でチョウの赤ちゃんを殺すことが、自然にとって善き行為だなんて、とうてい言うことはできない。

私たちの分類法に、リス自身はこれっぽっちも興味がない。彼らは自分と自分たちの種を自然のなかで維持すること、なによりその生を楽しむことに、全力を注いでいるだけなのだ。だがここで、この小さな赤い妖精の母性愛の話に戻ることにしよう。リスはほんとうに「母の愛」などというものを感じることができるのだろうか？　子どもの命を優先し、自分の命を後回しにするような強い愛を感じているのだろうか？　実際のところは、血管のなかを流れ、事前にプログラムされた世話行動へと導くホルモンによって突き動かされているだけなのでは？　科学は、そんな生物学的ななりゆきを強制的なメカニズムに格下げしてしまう傾向がある。リスやその他の種を無味乾燥な箱に詰めてしまうまえに、人間における母性愛に目を向けてみよう。母親が乳児を腕のなかに抱いているとき、その体内でなにが起こっているのだろう。母性愛って、生得的なもの？　科学の答えは、イエスであり、ノーである。生得的なもの、それは母性愛ではなく、その発現に必要な諸条件のほうなのだ。分娩の直前にホルモンのひとつであるオキシトシンが分泌され、強い結びつきの感情を生み出す。くわえて、鎮痛と不安軽減の効果を持つエンドルフィンが大量に放出される。このホルモンのカクテルは出産のあとも血中に残り、そのおかげで赤ちゃんは、リラックスしポジティブな気分の母親によって温かく迎えられることになる。そして授乳がオキシトシンの産出をうながすので、母と子の結びつきはさらに強くなる。これと同じことが、多くの動物種で起こる。私が家族といっしょに営林署官舎で飼っているヤギにも、同じことが起こっている（ヤギもオキシトシンを分泌する）。ヤギでは、子ヤギとの出会いは出産時の粘膜を舐《な》めとってあげることではじまる。このプロセスが両者の結びつきを強めるのだが、くわえて母ヤギはやさしい鳴き声をあげる。それに子ヤギが甲高くか細い声で返事をすると、その声が母ヤギの記憶に刻み込まれる。

けれども、粘液を舐めとるという手順がうまく運ばないと、さあたいへん！　うちのヤギたちが出産するときは、落ち着いて産むことができるように一匹ずつ専用の区画に入れる。この区画の扉と地面のあいだにはちょっとした隙間があり、あるとき生まれた子ヤギがとくべつ小さくて、その隙間から滑り落ちてしまった。私たちがしばらくしてこの災難に気づいたときには、子ヤギについていた粘液はすっかり乾いてしまっていた。その結果どうなったかというと――あらゆる手を尽くしても、母ヤギはもう自分の子を受け入れようとしなかったのである。人間でも同様のことは生じうる。出産後、乳児が病院で通常より長く母親から離されたままでいると、母性愛の生じない割合は高くなる。けれど、それはヤギの場合ほど高くはないし、劇的でもない。なぜなら、人間は母性愛を学ぶことができるから。ホルモンの力だけに頼っているのではないから。そうでなければ、見知らぬどうしの母と子が、生まれて数年してはじめて出会うこともある養子縁組など、まったく不可能になってしまうではないか。

だから、母性愛が習得可能なものか、たんなる本能的な反射行動というだけではないのか、検討するための手がかりとしては、養子縁組を考えるのがいちばんだ。しかし、その問いを掘り下げていく前に、まずは本能の性質を解明してみたいと思う。

## 本能――感情より価値が低いの？

動物の感情を人間のそれと比べるのは意味がない、けっきょくのところ動物というのはつねに本能的に行動し感じているのであり、対して私たち人間は意識を持ってそうしている、とはよく聞く話である。本能的な行動は価値の劣ったものである、という意見の是非を考えるまえに、そもそも本能とはなんなのかについて、見ていこう。この概念を科学的にまとめれば、無意識的に進行する、つまり思考のプロセスに裏打ちされない行動のことである。そこでは行動は遺伝子のプログラムにしたがって決定され、習得される。脳内の認知プロセスは迂回されるので、決定や習得は非常に迅速になされる。行動のもとになるのは、特定の誘因（たとえば怒りなど）によって放出され、その結果として身体的な反応を引き起こすホルモンである。ということは、動物というのは完全自動制御の生体ロボットということなのだろうか？　それについて性急に判断を下すまえに、私たち自身が属する種について見ておこう。私たちだって本能的な行動から自由ではない。事実はまったく逆なのだ。たとえばクッキングヒーターの熱くなったトッププレートを考えてみてほしい。あやまってそのうえに自分の手を置いてしまったとしたら、電光石火でその手を引っ込めるはずだ。そのとき、「なにやら肉が焼けるような妙な匂いがするし、手にとつぜん痛みを感じたぞ。どうやら手を引っ込めたほうがよさそうだ」などと意識的に考えてから行動を起こすわけではまったくない。すべては完全にオートマチックに、意識的な決断なしに起こる。つまり、人間も本能的に行動しているのである。とすれば問題は、本能が私たちの日常をどの程度まで規定しているのか、ということに絞られる。

暗闇に光をもたらすために、脳にかんする近年の研究にあたってみよう。ライプツィヒにあるマックス・プランク研究所が、二〇〇八年に発表された論文のなかで驚くべき研究成果を報告している。脳の活動をコンピューター上に画像として表示できる磁気共鳴画像装置（ＭＲＩ）の助けを借りて、決定課題（この実験では左手か右手かでボタンを押す）にとりくんでいる被験者を観察したところ、被験者が意識的に決断を下す七秒前に、どのような決定がなされるかを脳の活動をとおしてはっきり読み取ることができた、というのである。つまり、被験者がどんな決断を下そうかと考えているさなかに、すでに行動が起こされているのだ。行動のトリガーとなるのは意識ではなく、無意識だったということになる。意識はそこで、数秒後にあとづけの説明をしているにすぎないようなのである。

意識と行動のプロセスにかんするこの種の研究はまだ緒に就いたばかりなので、そのように機能する決断の割合や種類はどのようなものなのか、私たちは無意識に規定されるプロセスに意志を持って逆らうことができるのか、などについて今の段階でたしかなことは言えない。そうは言っても、いわゆる自由意志がしばしば現実に遅れをとるという事実には驚かされる。ここでは意志は実際のところ、私たちのナイーブな自我のために弁解の余地を与えているにすぎない。自我はそうやって承認されることで、事態をちゃんと掌握しコントロールしていると錯覚するのだ。(1)

多くの場合、行動のプロセスを支配しているのはもう一方の側、つまり無意識である。ただし、私たちの理性がどこまで意識的に自分をコントロールしているか、そのこと自体はたいした問題ではない。本能的な反応が私たちの行動に驚くほど大きく関与しているとしても、それによって、つまり本能的に引き起こされたからといって恐れや悲しみ、喜び、幸福感といった体験それ自体が損なわれるわけではない。能動的にはじめられたのではない、というだけのことなのだ。きっかけがどうであろうと、感情の強度が減ってしまうことはけっしてない。というのも感情とは、日常において私たちが情報の洪水のなかで溺れてしまわぬよう手助けしてくれる、無意識の発する言葉なのだから。クッキングヒーターの熱くなったプレートに触れてしまった手の痛みが、即座の対応を人にうながす。幸せだという思いが、さらに積極的な行動を引き出す。危険となりうる決定を理性が下そうとすれば、不安がそれを押しとどめる。意識のなかに持ち込まれそこでじっくり検討されるのは、よく考えることではじめて解決できる、あるいはよく考えて解決すべき数少ない問題だけとなる。

原則的に言って、感情は意識ではなく無意識とつながりを持っている。もし動物が意識を持たないとすれば、それはつまり、動物は思考できないというだけにすぎない。一方でどんな動物種でも無意識の働きは持っていて、それが内面と外界とをつなぎ、情報と行動を制御する役割をになっている。すなわちそれは、動物はみな感情を持っているということだ。母親の本能的な愛情は二流のもの、などということはまったくない。別のタイプの母性愛など、存在しないのだから。動物と人間とのあいだに違いがあるとすれば、それはたったひとつ、私たちは母性愛（あるいはそのほかの感情）を意識的に活性化することができるということである。たとえば、養子縁組のように。そこでは両者の接触が子どもの誕生のずっとあとになってはじめて起こるので、出産にまつわる状況が自動的に生み出す親子の結びつきなど存在しない。それなのに、時間がたつうちに本能的な母性愛が生まれてくる。それにともなって血液中に分泌されるホルモンカクテルもふくめて。

さて、これで万事ＯＫ、感情にかんしてほかの動物が入ってこられない、人間だけが独占する場をついに見つけた……のだろうか？　ここでもういちど、あのリスを眺めてみよう。カナダの研究者たちが、ユーコン準州に棲むその近縁種を二〇年以上にわたって観察した記録がある。対象とされたのは七〇〇〇匹ほどで、そのうち「養子縁組」が五例観察されたのだ。リスは単独生活を送る動物であるにもかかわらず、である。ただし別の母親に育てられたのは、つねに血縁関係にある子どもたちだった。養子になるのは姪や甥、孫だけで、つまりリスの愛他精神には明確な範囲があるわけだ。進化論の視点で見れば、自分に近い遺伝子がそれによって保存・伝達される可能性が大きくなるという利点がある。[2] さらに二〇年間でたったの五例では、リスが養子縁組を許容する動物であると示す有効な証拠とはならない。ということで、次にほかの種に目を向けてみよう。

イヌはどうだろう？　二〇一二年に「ベビー」という名前のフレンチ・ブルドッグがセンセーションを巻き起こした。彼女はブランデンブルク州の動物保護施設で暮らしていたが、ある日そこにイノシシの子どもが六匹、連れてこられた。母イノシシはどうやら猟師に射殺されたらしく、放っておけば残されたうり坊たちに生きのびるチャンスはなかっただろう。施設で子イノシシたちは脂肪分たっぷりのミルクと、そして愛情を手に入れた。ミルクは飼育係の哺乳瓶から、そして愛情と温もりは、ベビーから。彼女はその子たち全員をさらりとわが子として受け入れると、自分に寄り添わせ寝かしつけたのである。日中もやんちゃなチビたちから目を離さず、気を配った。[3] これは真の養子縁組と言えるだろうか？　ベビーの場合、子イノシシたちは授乳されていない。人間の養子でもそれは必須の要件ではないけれど、たとえばみずから進んで授乳をおこなったキューバのイヌ、イエティのような報告もある。彼女が産んだ子イヌたちは一匹残らず里子に出されたので、母乳がたっぷりと残っていた。同時期に農場のブタが子どもを産んだので、まだ母ブタがいるにもかかわらず、イエティはさっそく一四匹の子ブタたちを引き取った。彼らは新しいママを農場じゅう追いかけ、そしてなんと、イエティから乳を飲んだのだ。[4]

これは養子縁組が自覚的になされた例だと言えるのだろうか？　それとも母としての感情を持て余していたイエティが、それを子ブタたちに投影しただけなのだろうか？　このような問いは、個人の強い欲求がその行き場を探し求めるという意味で、人間の養子縁組にもあてはまる。イヌその他の動物をペットとして飼うことだって、異種間の養子縁組になぞらえることができるかもしれない。イヌに代表されるいくつかの種は、人間の家族の一員としてほぼ正式に受け入れられているのだから。

けれども、行動をうながす原動力となるのが、ありあまるホルモンや飲むもののいない母乳などではない場合もある。その印象的な例が、モーゼスという名のカラスである。ふつう、ヒナを失った鳥が行き場のなくなった衝動を解消するには、また最初に戻ってあらためて卵を産み、温めればよい。とくにモーゼスのようにつがう相手のいないカラスには、別の種の動物の母親代わりになろうという動機などまったくない。だがモーゼスが選んだのは、よりによって敵となってもおかしくない動物、すなわちネコだったのだ。そのネコがまだほんとうに小さく、どうやら母親を失って長いあいだなにも食べていない、よるべない子どもだったことは認めよう。そのノラはコリトー夫妻、アンとウォーリーの家の庭にあらわれた。アメリカ合衆国マサチューセッツ州ノース・アトルボロで暮らすふたりは、そのあと驚くべき光景を目にすることになる。その子ネコに一羽のカラスが寄り添い、保護するようすを見せたのだ。カラスはみなしごの小さなネコに、食べものとしてミミズや虫を与えたのである。もちろんコリトー夫妻だってなにもせずに眺めていたわけではなく、エサをやるなどの世話をしたのだけれど。カラスとネコの友情はネコが大人になっても続いた――五年後にカラスがどこかへ飛び去るまで[5]。

だがここでもう一度、本能の話に戻ろう。母であるという感情は無意識の命令によって生起するのか、それとも意識的な思慮によって生じるのか。私の意見では、両者に質的な差などない。けっきょくどちらの場合でも、感情が生じている（！）という点では同じことなのだ。確実なのは、人間ではその両方が関与していること、そのさいおそらくホルモンによって呼び起こされる本能のほうが寄与率が高いこと、である。人間以外の動物では、たとえ母性愛を意識的に発動することができないのだとしても（異なる種の子どもを育てるという例があるのは悩ましいところだけれど）、無意識的なプロセスはちゃんとある。それは少なくとも人間の場合と同じほどに価値があり、また強いものなのである。陽炎ゆらめく熱い芝生の上で赤ちゃんを首にしがみつかせて運んでいたリスは、深い愛情からそういう行動をとったのだ。そうと知れば、私にはあの体験がよりいっそうすてきなものと感じられてくる。

# 人間への愛について

動物が私たちにたいして愛の感情を抱くことなんて、ほんとうにありうるのか？　同種の動物のあいだでさえ愛情という感情の存在を立証するのが難しいのは、すでにリスのテーマで見たばかりだ。なのに種の壁を越えた愛ともなれば――ましてやよりによって人間への愛だって？　それは私たちがペットを囚われの身にしている事実に耐えるための、たんなる希望的観測にすぎないのでは、という思いもわいてくる。

まずはあらためて母の愛に目を向けてみよう。このとりわけ強い愛情を、私たちはみずから生じさせることができるのだ。私が子どものころに経験したように。

当時すでに自然や環境は私の関心の中心にあり、寸暇を惜しんで森のなか、あるいはライン川沿いのかつての石切場にある人工湖で過ごしていた。返事を求めてカエルの鳴きまねをし、観察すべく保存食用のガラス瓶でクモを飼い、ミールワームが黒い甲虫に変態するのを手元で体験しようと、その幼虫を小麦粉に入れて育てた。さらには動物行動学にかんする本を夜な夜な読みふけった（カール・マイやジャック・ロンドンの本もナイトテーブルの上にあったので、ご心配なく）。そのなかの一冊に、ヒヨコは人間にたいしても刷り込み（インプリンティング）させることができる、と書いてあった。卵を孵化させ、殻から出る直前のヒヨコに「話しかける」だけでよいのだと。するとヒヨコはその人間に刷り込みされ、もう母ニワトリにはついていかなくなる。そしてこの絆は一生涯ずっと保たれる。うわあ、わくわくするなあ！　父が当時、メンドリを数羽とオンドリを一羽、庭で飼っていて、有精卵は手に入った。けれど孵卵器を持っていなかったので、古い電気毛布を引っぱり出した。問題は、ニワトリの卵を孵化させるには三八度を保たねばならず、毎日なんども回転させ、そのさいに少し温度を下げる必要があったことだ。卵を抱くニワトリが生まれつき完璧にやりこなしていることを、私はマフラーと温度計を使って必死に工夫しなければならない。二一日間ずっと温度を測り、折りたたんだマフラーのひだを卵の周囲に寄せたり戻したりし、規則正しく転卵し、そして予想された孵化日の数日前から、卵に向かってひとり話しかけはじめた。さてその結果は——きっかり二一日目に、産毛に覆われたチビが自由への道をつついて開けたのだった。私はすぐに、その子にロビン・フッドと名前をつけた。

そのヒヨコは、もう信じられないくらいかわいかったのだ！　黄色い羽毛に黒い点々があって、黒くてまん丸な目が私を見つめている。私のそばを離れようとせず、私が視界から外れるとすぐに不安げな声でピヨピヨと鳴いた。トイレだろうがテレビの前だろうがベッドサイドだろうが、ロビンはいつも私のそばにいた。学校に行っているあいだだけはそのチビちゃんをひとり置いていかねばならなかったけれど、家に帰ると毎回よりいっそうの大歓迎を受けた。だがこの緊密な結びつきは、しだいに重荷となっていった。弟が興味を持ってくれて、私がロビンから離れてほかのことができるように時々世話を引き受けてくれたのだけれど、けっきょく弟もてあますようになってしまった。そうこうするうちに若者へと成長したロビンは、とても動物好きなかつての英語教師のもとにもらわれていった。その男性とニワトリのロビンはすぐに仲良くなり、その後しばらく、となり村でふたりの散歩する姿が見られた。先生が歩き、ロビンがその肩に乗って。

ロビンが人間と真の関係を築いたことは、実証されたと言ってよいだろう。動物の子どもにとって母の立場になった飼い主なら、同じような体験を語ってくれるはずだ。私の妻が手ずから哺乳瓶で育てたヒツジたちは、死ぬまで妻になついて離れなかった。そのとき人間は養母の役割を演じていて、たしかに感動的な話ではある。けれどもこのようなつながりは、そのおかげではじめて生きていける動物がいるのだとしても、動物自身が自発的に求めたものではない。動物が自由意志をもって私たちと親しんでくれる、私たちのもとにとどまってくれる、そういうことがもしあるのなら、そのほうがずっとよい。でもそんなことってありえるのだろうか？

その疑問に答えるには、母の愛という領域を離れて、二者の関係一般へと探索を広げる必要がある。親に依存する子どもの動物もけっきょくは成長し、私たちと親しくつながったままでいるか、それとも独立したほうがよいか、自由に決めることだってできるようになるわけだから。多くのネコやイヌが赤ちゃんのときに私たちのもとにやってくるのは、理由のないことではない。やんちゃなおちびさんたちに決断の余地などそもそもないし、それを否定的にとらえる必要もまったくない。数日の馴らし期間のあと、母親と別れる痛みをちょっぴり感じたりしながらも生後数週間の子どもたちはすぐに新しい世話人になつき、人工ミルクで育てられたヒツジたちと同様に、結ばれた関係は生涯にわたってとりわけ強く残ることになる。誰もが心地よさを覚える関係。だが、まだ疑問は残っている。大人になった動物どうしでの、自由意志での交友は存在するのだろうか?

家禽《かきん》やペットにかんして言えば、その答えははっきり「イエス」だ。ノラのイヌやネコが世話好きな人間のもとにずうずうしく押しかけてくるなんて例は無数にある。けれど私としては、その問いに答えるには野生動物へと目を向けるのがいいのではと思う。というのも、野生動物はペットのように家畜化によって人間に馴らされ、その結果人間と共に暮らせるように変えられていないからである。さらにもうひとつ除外したいことがある。餌付けである。餌付けされた野生動物の欲求はエサを食べることだけに向けられ、ゆえに馴れがあるレベルを超えると、人間がそばにいても気にしなくなってしまうからだ。それがいかにやっかいな問題を引き起こすかを、かつて私たちのとなりに住んでいた人がリスで体験したのだった。隣人は数週間にわたって一匹のリスをピーナッツで呼び寄せ、さいごには開いているバルコニーの扉まで近寄ってくるようになった。その小さな妖精が家族の一員になったように感じて、彼らは喜んだ。しかし悲しいかな、エサやり担当がつねにスタンバイしているわけにはいかない。どうなったか。リスはいらだって窓枠を引っ掻くようになり、数週間もしないうちにだめにしてしまったのだ。リスのかぎ爪はナイフのごとく鋭いのである。

野生の動物が人間と友情を結ぶこと。私たちは海でその例にしばしば出くわす。イルカである。なかでも有名なのは、アイルランドのディングル湾で暮らす、フンギという名のバンドウイルカだ。フンギはたびたび姿をあらわすと小さな観光船の横をならんで泳ぎ、皆の見ている前で水面からジャンプする。その結果、観光の呼び物として町の公式パンフレットに載るまでになった。彼に向かって海に飛び込む者がいても、心配する必要はない。フンギはその人に寄り添い、格別に幸福な体験を味わわせてくれる。こんなふうに馴れているのは餌付けによってではない。それどころか、このイルカはエサをやっても食べようとはしないのだ。

フンギはもう三〇年以上、この町の暮らしに欠くことのできない存在となっている。心打たれる話ではないだろうか？　けれどそう思わない人もいるようなのだ。《ヴェルト》紙は専門家の話を聞くなかで、この一匹狼のイルカはたんに気が変になっているだけではないかとの疑問を呈している。ほかのイルカから仲間はずれにされたことで、人間と馴れ合っているのではないか？というのである。(6)

人間と他の動物との交友が、ときにそれと同様の理由、つまりパートナーの喪失によって生じる孤独感から結ばれることはたしかにあるのだが、それはひとまず置いて、わが地方の陸生動物の場合をさらに追ってみたいと思う。ただしそれは簡単なことではない。というのも、野生動物を野生動物たらしめるのは、彼らが野生に生きているという事実そのものと、それによって通常は人間との接触を求めないということなのだから。加えて、人間は数万年にわたり彼らを狩りの対象ともしてきた。そのことが進化の過程で私たちへの恐怖感を育んだ——早めに逃げないものは、危険に陥ってしまうのである。そして狩猟が認められている動物のリストを眺めてみればわかるように、かなりの数の動物種にとってその状況は今日でも変わらない。シカ、ノロジカ、イノシシといった大型の哺乳動物、キツネやノウサギなどの小型動物、あるいはカラスの仲間からガチョウ、アヒル、さらにはシギにいたるまでの鳥たちなどが毎年数千匹、銃弾を浴びて死んでいく。人間にたいして不信の念を抱くのも、考えればまったく当然のことだ。そして、不信感を抱く生きものたちがそれを乗り越え私たちとの接触を求めることがもしあるのなら、それはよりいっそうすばらしいことだろう。

だがそれをあと押しする力はあるのか？ 食べもので釣るのはもちろん考慮から外そう。知りたいのは、恐怖感を押さえ込めるのは空腹だけなのか、ということなのだから。ほかにもうひとつ、私たち人間にとっても非常に重要な力がある。すなわち、好奇心だ。妻のミリアムと私は、ラップランドで好奇心旺盛なトナカイとの出会いを経験したことがある。彼らが完全に野生だとは言い切れない。群れは原住民であるサーミの人たちが所有している。屠畜や標識づけのための選別をおこなうときは、ヘリコプターやスノーモービルで追い立てる。それでもなお彼らは野生の性質を保っていて、人間にたいして通常強い警戒心を抱いているのだ。私たちはサーレク国立公園の山中でキャンプし、根っから早起きの私は朝いちばんに寝袋から這い出した。手つかずの自然の息をのむような光景を見渡していると、とつぜん近くでなにかが動くのを感じた。トナカイだ！　一頭？　いや、さらに数頭が斜面を降りてくる。妻にも見せようと、ミリアムを起こす。朝食をとっているあいだにもその数はどんどん増え、最後には群れの全体が私たちのまわりに集まった。三〇〇頭はいただろう。その日一日、彼らは私たちのテントの近くにとどまり、そのうちの若い一頭などは、テントの脇で昼寝をしようと一メートルほどのところまでやってきた。天国にでもいるような心地だった。

トナカイたちがほんとうは人を恐れているということは、ハイカーの小グループがやってきたことではっきりと確認できた。ハイカーたちが姿をあらわすと、群れはいったん退き、しばらくしてふたたびテントの周囲の平らな地に戻ってきたのだ。そのさい群れのうちの数頭がこちらに興味を示すようすを目の当たりにした。目と鼻の穴を大きくあけて私たちを探りにきたトナカイたち。これはその旅行すべてをとおして、もっともすてきな体験だった。なぜ彼らがそれほど親しげなようすを示したのか、それはわからない。私たちは日々動物と慣れ親しんでいて、それが動作をおだやかに、危険を感じさせないものにしたのかもしれない。

狩猟がおこなわれない場所であれば、どこでも誰でも同じようなことは体験できる。アフリカの国立公園、ガラパゴス諸島、極北のツンドラ地帯。そのどこにおいても、人間にひどい目にあわされることのなかった動物たちは、私たちがとても近くまで近寄ることを許してくれる。そして時には、自分たちの縄張りをうろついている妙な客人を興味深そうに眺めるやつもいたりする。これはほんとうに幸せな出会いなのだ。なぜってそれは双方の完全な自由意志に拠るものなのだから。

動物が人間へと抱く、強制されたものでない真の愛情。それがありうるという証拠を示すことは難しい。ヒヨコのロビン・フッドだって、私への愛情を育む以外に選択肢はなかったのだ。では、その逆は？　人間が動物へ愛情を抱くこと、それはイヌやネコその他のペットを飼っている人全員が認めるところだろう。でも、その愛の質という点ではどうだろう？　子どもがいない、配偶者が亡くなった、仲間に存在を認めてもらえない、そんな思いを動物に投影しているだけなんてことはないか？　このテーマは地雷原というべきもので、できれば避けておきたいところなのだが。しかし動物の感情について語ろうとすれば、保護し世話したいという私たちの情動が動物たちにどんな影響をおよぼすのか、やはり問うてみる必要がある。まず第一に、そのような情動は動物のありかたを文字どおりの意味でゆがめてしまう。イヌやネコの飼育はたいていの場合、（野ウサギ、ノロジカ、ネズミなどの）狩猟における有能な協力者にするというもともとの目的を、とうの昔に失っている。むしろ抱き上げ愛撫しキスしたいという私たちの欲求に、その性格においても見た目においても合致させられている。例のフレンチ・ブルドッグがよい例だ。私はかつて、フレンチ・ブルドッグは醜いなあと思っていた。つんと上を向いた鼻の根元にシワが寄っていて、ぺちゃんこに変えられたその鼻先はいつもいびきをかいているようで、これでは不自由ではないかと思っていたのだ。しかしばらくして、私は青みがかった灰色のフレンチ・ブルドッグと出会った。クラスティという名のオスで、ときどき預かって世話をした。するとあっというまにそのイヌを心から好きになってしまって、彼がどんなふうに品種改良されてきたかなんて、すっかりどうでもよくなった。ただもう、ひたすらかわいかったのだ。ほかのイヌなら五分も撫でられればもうじゅうぶんという感じになるところ、クラスティは何時間でも喜んでされるがままになっていた。撫でるのをやめると彼は懇願するように手をつつき、その大きな目で上目遣いにこちらを見る。飼い主のお腹の上で寝るのがなによりも好きで、気持ちよさげにいびきをかいた。

人とイヌとのこうした関係は、悪いことと言い切れるのだろうか？　もちろんこの品種は愛玩犬として、いわば生けるぬいぐるみとして改良されたものだ。それが正当なことかどうか、判定しようなどとはさらさら思わない。むしろ問いたいのは、イヌ自身にとってはどうなのか、ということである。この犬種がやさしく撫でられることへの欲求を品種改良によって高められたとして、さらに誰もが（ほんとうに誰でもが！）その欲求をすぐに満たしてあげたくなるような外見をしているとして、イヌにとってどこに問題があるだろう？　イヌはあきらかに心地よさを感じているし、人間も動物も、自分が求めるものを手にしている。ただ、そのような欲求の由来、まさにその方向へと品種改良することによる遺伝子の改変、そのことがほんの少し、苦い後味を残すのだ。

それが自然のものか品種改良によって生じたものかを問わず、ペットの抱く欲求に注意が払われない場合には、異なる様相を呈する。自己愛に目がくらんでしまった飼い主は、ペットをまるでイヌの着ぐるみを着た人間のように扱ってしまう。その結果どうなるかというと、エサのやり過ぎ、運動不足、天候による刺激（たとえば雪のなかを散歩するなど）の不足などによって深刻な健康障害が生じ、甘やかされたイヌたちはそのために苦しみ、死にいたるのである。

# 頭のなかに灯るあかり

動物の感情・精神生活というテーマにより深く分け入る前に、それがむりやりのこじつけになっていないか、あらためてよく検討しておく必要があるだろう。私たちが経験している情動を加工処理するためには、しかるべき脳の構造が存在せねばならない、というのが少なくとも現在の科学の立ち位置である。そして答えははっきりわかっている。人間において喜怒哀楽のような情動にかかわり、他の脳部位とともにそれと対応する身体反応を可能にするのは、大脳辺縁系である(7)。脳のこの部位は系統発生的にとても古いもので、したがって多くの哺乳類と共有している。ヤギ、イヌ、ウマ、ウシ、ブタなど、列挙すればきりがない。いやいや、哺乳類だけではなく、鳥類や、それどころか生物学者が進化の段階のずっと下に置いている魚類でさえ、近年の研究ではこのリストに属している。

水生動物の場合、痛覚の研究は情動のテーマへとその領域を広げている。そのきっかけは次のような問いであった。魚が釣られるとき、釣り針による傷は痛みを与えるのだろうか？　そんなのとうぜんだ、とお思いになるかもしれないが、実は長年のあいだ、それはありえないとされてきたのだ。生きながらにゆっくりと窒息しつつある海の住人たちで満たされた網を甲板に引き揚げるトロール船の映像を見ると、あるいはバタバタともがくマスがスポーツフィッシングをする人の持つしなる竿にぶら下がっているのを見ると、そのような行為は動物保護にかんする現今の議論にかんがみて社会的にどこまで許容されうるのかと、ふと疑問がわいてくる。多くの場合、悪意が背後に潜んでいるわけではたぶんない。そうではなく、魚類は鈍感な生きもので、川や海を無感覚で泳ぎ回っているのだと、特段の根拠もなく思い込んでいることがほとんどなのだ。

　オックスフォード大学で動物行動学の博士号を取得し、現在はアメリカのペンシルベニア大学教授であるヴィクトリア・ブレイスウェイトが見出したのは、それとはまったく異なる結論だった。数年前にブレイスウェイトは、魚の口の周囲、通常釣り針が刺さるあたりに、痛覚受容器が二〇か所以上あることを特定したのだ。[8] アイタタッ！　だがそれだけでは、鈍い痛覚のある可能性を示したにすぎない。次にブレイスウェイトはその場所を針で刺激してみた。すると、終脳〔ヒトでは大脳にあたる〕に反応があらわれた。そこは人間においても痛覚刺激を処理する場所なのである。傷が魚を苦しめることは、これで確かめられたと言っていいだろう。

　それでは、感情についてはどうだろう。たとえば不安や恐怖は？　人間では脳の扁桃核《へんとうかく》という領域で生み出される。その事実は推測はされていたが、長いあいだ確定されていなかった。二〇一一年一月にアイオワ大学の研究者が、S・Mという女性に関する論文を発表する。S・Mは、扁桃核の細胞の機能を失わせる非常にまれな病気によって、クモやヘビに恐怖を感じなくなってしまった。本人にとってはもちろん悲劇だが、研究者にとっては、この器官が失われることによる影響を調べる、またとない機会だった。研究者たちはその女性をともなってペットショップへ行き、以前は怖がっていたクモやヘビに引き合わせてみた。すると彼女は前とは違って動物たちに触れることができたし、もうまったく怖くない、好奇心を感じるだけだと言ったという。(9)人間の不安や恐怖の中枢は、これで疑いなく特定できた。だが、それでは魚では？

セビリア大学のマヌエル・ポルタベラ・ガルシアとそのチームは、魚においてそれに対応する構造を、これまで調べられていなかった脳の外側の領域で見つけた（不安・恐怖中枢は人間では脳の下部、その内側にある）。彼らは金魚を訓練し、緑のランプがつくと水槽のひとつの角からすぐに離れるようにした。もしそうしないと、電気ショックを受ける。次に終脳の一部を麻痺させた。それは人間の不安中枢に対応する箇所なのだが、その機能を失わせてみると、人間の場合と同じ作用をもたらした。それ以降、金魚は緑のランプを恐れるようすもなく無視したのである。以上により、魚類と陸生動物を含めた脊椎動物は少なくとも四〇〇万年前にいた共通の祖先から、同じ脳の構造を受け継いでいる、と研究者たちは結論づけた。(10)

つまり情動のハードウェアは、あらゆる脊椎動物においてずっと以前から存在していたのだ。だがそれなら、脊椎動物は私たちと同じように感じているということなのか？　それを示唆するものはたくさんある。それどころか、人間において母親の幸福感だけでなくパートナーへの愛情をも強化するホルモン、あのオキシトシンでさえ、魚から検出されているのである。魚の幸福、魚の愛情？　少なくとも近いうちにそれが検証されることはありそうもない。でもどうして、つねに疑わしきは「罰する」形でしか論証がなされないのだろう？　動物に感情があるという考えにたいして、それを確定する証拠が出るまでは、科学は反論し続ける。動物たちに無用の苦痛を与えないよう、念のため逆の方向で考えておくほうがよいのではないか？

　私はこれまでの章で意図的に、動物の感情をあたかも私たち人間のそれと同じものであるかのように語ってきた。そうすることによってのみ、私たちはおそらく少しだけ、動物の頭のなかで起こっていることを追体験できるのだ。しかしたとえ彼らの脳の構造が私たちのものと異なっていて、その違いゆえに私たちと動物が別の体験をしているのかもしれないとしても、それは動物に情動というものが基本的にありえないということとイコールではない。ミバエの神経中枢にある細胞は二五万で、それは私たちの神経系の四〇万分の一でしかないのだけれど、たとえばそんな種の身になって考えることなど、私たちにはさらに難しい。頭のキャパシティの小さい、そんなちっぽけな生きものが、ほんとうになにかを感じることができるのだろうか？　意識など持ちうるのだろうか？　もちろん意識とはこの領域における最高の達成だとしても、そのような問いに最終的に答えることができるところまで、残念ながら科学はまだ達していない。とりわけ「意識」という概念を厳密に定義できないことも、その理由である。近い概念としては、思考という語がある。経験したこと、読んだことなどについて考えること。いまあなたはこの本の内容について考えている。ゆえにあなたは意識を持っている。そして少なくともそのような活動にとって必要となる諸条件が、ちっぽけな脳しか持たないミバエでも発見されているのだ。私たちと同様にその小さな生きもののなかへも、周囲の世界から無数の刺激が流れ込んでいる。バラの香り、自動車の排気ガス、陽の光、そよ風の動き——それらすべてが、同調していない別個の神経細胞によって記録される。だがそれなら、危険やおいしい食べものを見逃さないよう、どうやってミバエはそんな大量の情報からもっとも重要なものを選び取っているのか？　彼らの脳は情報を処理し、異なる領域の活動を同調させ、特定の刺激がそれによって増幅されるように差配しているのだ。ほかの幾千もの印象が織りなす不特定のノイズのなかから、そのようにして関心をひくものを浮き上がらせている。ミバエはその注意を、狙いを定めて個々のものごとに向けることができるのである——私たちと同じように。

ミバエの動きはすばやいので、一秒につき無数の映像が、およそ六〇〇の個眼からできているその小さな昆虫の眼に降り注ぐ。そんな情報量は処理しきれないようにも思えるけれど、ミバエにとっては生きのびるために重要だ。動くものはどれも、自分を食べる気まんまんの敵かもしれないのだから。ミバエの脳はそれゆえ静止像はぼやけさせ、動く物体だけを際立たせる。このおちびさんは、そんな能力があったとは信じられないほどに、本質的なものにその力を集中させている、と言ってもいいだろう。ところで、私たちだって同じことをしているのだ。人間の脳も、目に映る映像のすべてではなく重要なものだけを、意識のなかに取り込んでいるのである。

ということは、ハエにも意識があるのだろうか？　研究はまだそれに答えられるところまで進んでいないけれども、少なくとも注意を能動的にコントロールする能力があることは確かめられたと言ってよいだろう(11)。

さまざまな種の、それぞれ異なる脳の構造に話を戻そう。たしかに基本的な組織それ自体は進化的に低位の脊椎動物にも存在するが、私たちが体験しているような情動の質が実現するためには、それ以上のものが必要だ。ものの本に繰り返し書かれているのは、私たちが持っているような中枢神経系によってのみ、強度ある意識的な情動が可能になるということである。そこで強調されるのは、「意識的」という点だ。私たちの脳のシワは、進化の段階においてもっとも新しい部位である新皮質の、いちばん外側の層にある。ここで知覚と意識が生まれ、この場所で思考が展開する。そしてこの部位の細胞を人間の脳は他の種のそれよりも多く持っている。つまり万物の霊長として私たちに授けられた王冠は、頭蓋の直下にある。地球上の他の生きものはみな私たちほど情動を感じないし、私たちほど知的ではありえない。理屈で言えば、まあ、そうなる。ここで、フンボルト大学総合水産マネージメント学科教授で《シュピーゲル》誌が呼ぶところの「ドイツで最初の魚釣り学教授」、ローベルト・アーリングハウス博士の言葉に耳を傾けてみよう。《シュピーゲル》誌のインタビューで博士が強調しているのは、釣りによる傷で魚が私たちと同様の痛みを感じることなどありえない、ということだ。魚の脳には新皮質がないので、感覚を意識として捉えることは不可能だ、と。博士はさらに、動物行動学的、生理学的な議論へと話を展開している。[12]

おいしいカニやエビがテーブルに並べられることが肝要なクリスマスの時期になれば、アーリングハウス教授と同じような主張をグルメたちが毎年のようにおこなっていると、これも《シュピーゲル》誌の記事にある。[13] さまざまな甲殻類を代表するのは、ロブスター。ステータスシンボルとして、真っ赤に茹《ゆ》でられてから皿に盛り付けられる。つまり、生きながらに茹でられるわけだ。脊椎動物なら調理の前に殺されるはずのところ、エビはといえば、気絶さえさせられずに沸き立つ湯のなかに投げ込まれる。火が中まで完全にとおり、感覚を受け持つ神経節が壊されるまで、数分はかかるだろう。痛みを感じるんじゃないかって？　どうして？　だってエビやカニには脊柱がないから、痛みだって感じない。少なくとも、そういう話だ。彼らの神経系の作りは人間と異なっていて、痛みの存在を証明するのは内骨格を持つ種よりもさらに難しい。食品業界とつながりをもつ科学者たちは、カニやエビの示す反応はたんなる反射の問題にすぎないと断言する。

クイーンズ大学ベルファスト校のロバート・エルウッド教授は、それに反論する。「我々とは異なる体の作りをしているからというだけで甲殻類が痛みを感じることはないとするのは、彼らには視覚皮質（人間の大脳にある、視覚刺激の処理をする部位）がないので目が見えないと主張するようなものだ」と。[14] それは別にしても、反射運動もやはり痛みを引き起こす要因となりうる。

それは電気柵を使えば皆さん自身でかんたんに確かめることができる。柵に手を触れ電気ショックを受けると、意志のあるなしにかかわらず手は瞬時に引っ込められる。それがまさに反射であって、なにも考えることなく生じるものなのに、ひどい痛みを引き起こす。

情動を強く、場合によっては意識的に経験する存在へといたるには、一本の道しか、ヒトが歩んだ道しかほんとうにないのだろうか？　進化というのは私たちが考えるほど（あるいは望むほど？）一面的ではない。知能へいたる別の道があることを示す最大の例が、ほんとうに小さな脳しか持たない種類もいる鳥類である。その祖先だとされる恐竜の時代以降、鳥類の進化は私たちのそれとは別の方向へと進んできた。大脳新皮質がまったくなくても、彼らは知能面での最高性能を発揮できるのだ。そのことはあとで詳しく述べようと思う。ＤＶＲ（背側脳室隆起）と名付けられた部位が、私たちの大脳皮質と同様の任務や機能を引き受けている。ヒトの新皮質が層構造をなしているのにたいし、鳥類におけるその相当部位は小さな塊からできていて、その事実が両者の機能的類似性を長年疑わせてきた[15]。今日では、カラスその他の社会的動物種が霊長類と同様な知的行動を達成していること、むしろそれを凌駕する場合もあることが知られている。これぞまさに、科学が動物の情動を扱おうとするとき、疑わしい場合の議論があまりにうしろ向きであり、有無を言わせぬ証拠が出てくるまでは動物に知的能力があることを否定し続けることの実例である。そんなことをせずに、あっさりと（そして正しく）「わからない」と言えないものだろうか？

この章を終える前に、私たちの森にいる、ある生きものを紹介しておきたい。それは言葉の本来の意味で悩みその欠けた生物だ。腐った木によくいて、小さな起伏をなしながら黄色く色づいたじゅうたんを形作っているやつで、キノコ、菌類の一種である。この本はそもそも動物を扱うのではなかったっけ？　まあそうなのだが、その菌類が実際どのカテゴリーに属するのかは、科学的に見てそれほど明確ではない。一般の菌類であってもそれを定めるのは難しく、動物にも植物にも分類できないため、そのふたつとならぶ第三の界を形成している。菌類は動物と同じく、他の生物の有機物から栄養を摂取している。くわえてその細胞壁は、昆虫の外皮と同じキチン質からできている。枯れた木の上で黄色いじゅうたんを形成している菌類、すなわち粘菌は、動くことだってできるのだ！　ゼリー状のクラゲのようなこの生物は、一時的に保存容器にしたガラス皿から夜中に逃げ出してしまう。かくして科学者は粘菌を菌類から外し、動物のほうへと一歩近づけた。ようこそ、本書へ！

この粘菌のうち少なからぬ種が研究者の興味をひき、実験室での観察対象の常連となっている。フィサルム・ポリセファルム Physarum polycephalum という小難しいラテン語の学名がつけられた種〔日本名モジホコリ〕はそのひとつで、オート麦のフレークが好物だ。この生きものは、多数の核を持つ巨大な単細胞生物である。研究者たちはこのスライム状の原生生物をふたつの出口のある迷路のなかに置く。出口のひとつには報酬としてエサが置かれている。すると通路に拡がった粘菌は、一〇〇時間を超えるころには正しい出口を見つけるのだ。そのとき粘菌は、つけた粘液の跡を、自分がどこにいたかを知るヒントとして利用している。跡がついている領域はもう成果の得られないところなので、それ以降は避けるのである。すでにエサを探した場所では、もうエサは見つからない。迷路を抜ける粘菌の行動には、自然のなかでのそんな背景がある。脳もないのに迷路を解くとは、なかなかやるものである。この平たい生物が一種の空間記憶を持つことを、研究者たちは確認している。(16) この研究の白眉は、日本人の研究者による実験だ。彼らは粘菌でできた迷路を東京の主要交通網の形に作り上げたのである。主な街区に、魅力的な場所となるようエサを置く。そこに入れられた粘菌が、最適最短のルートで街区をつないでいったとき、大きな驚きが待っていた。一〇〇〇万人都市東京の鉄道網にほぼ対応するイメージが、そこに浮かび上がったのだ(17)!

　私は粘菌の例がとても気に入っている。というのも、原始的な生物、愚かで感情のない動物などといった私たちの考えかたをひっくり返すには、ほんのちょっとの例があればいいと教えてくれるからである。前の章で述べたいくつかの基礎的要素を、この奇妙な生きものはまったく持っていない。もし単細胞の種が空間的記憶を持ち、あのように複雑な課題をこなすことができるとすれば、たとえばたった二五万ほどの脳細胞しか持たないあのミバエのような動物だって、そのなかにどれほど多くの予期せぬ能力や情動が隠れていることだろう? そう考えると、身体的・脳組織的構造の点で私たちにずっと近い鳥類や哺乳類が私たちの持つ多彩な感情を所有していたとしても、まったく不思議ではないだろう。

# トンマなブタヤロウ

ブタは、私たちの祖先がすでに食肉用の動物と見なしていたイノシシの系統を引いている。おいしい動物を、危険な狩りをせずいつでもすぐに手に入れようと、イノシシはおよそ一万年前に飼い馴らされ、ヒトの要求に合わせて品種改良されたのである。それでもブタは、今でもイノシシ的な行動のレパートリーを保っている。なによりも、その知性において。まずは野に生きるイノシシで、その知的な行動のようすを確かめてみよう。彼らは自分の親族を、その血縁関係がかなり遠くても、正確に認識する。そのことはドレスデン工科大学の研究者たちが、家族として形成された群れ〔ドイツ語ではRotte、英語ではsounderと呼ばれる〕の行動圏を調査することによって、間接的に確認した。調査のために一五二頭のイノシシが罠や麻酔銃を用いて捕獲され、発信器をつけてふたたび放された。それにより、この夜行性の放浪者がどこを歩き回っているのか観察することができる。たいていの場合、隣り合う群れのテリトリーには重なりがほとんどない。

テリトリーの広さは平均して四から五平方キロメートルほどしかなく、それまで推定されていたよりずっと狭いものだった。泥浴びをしたあとに体をこすりつけることで個体の匂い付けがされた木々が、その目印となる。しかしそのマーキングは連続していないので、境界線は明確でない。だからときに他の群れのイノシシが越境してくることがあっても不思議ではない。他の群れのイノシシと出くわすことは激しい衝突をもたらすので、通常は避ける。ゆえに血縁関係にない群れによる越境は非常にまれである。それにたいして、血縁関係にあるふたつの群れがそのテリトリーを接している場合、領域は最高で五〇パーセントまで重なり合う。イノシシはあきらかに、たとえそれが遠い親戚であっても、まったく無関係なものよりずっと友好的にふるまっている。ということはつまり、親戚かそうでないか、彼らは区別ができるということだ！　昨年生まれた一年仔〔ドイツ語ではFrischling〕が年を越して二年仔〔ドイツ語でÜberläufer〕になり、次の出産が間近になると、巣立ちをうながされる。成長しすでに自立できる若者となった子どもの世話をする時間は、母イノシシにはもうないのだ。巣立ちした兄弟たちは、共同体のなかで引き続き生きていくために、集まって二年仔の群れを作る。イノシシは群れで生きる動物で、おたがい体をきれいにし合ったり、ただ体をくっつけ合ってぬくぬくと過ごしたりするのが好きである。その年、二年仔の群れが新たな一年仔を連れたかつての家族と出会っても、両者はきわめて友好的なままだ。皆が知り合いどうしであり、おたがいによい関係を保つ。

私はこれまでペットたちと暮らしながら、ヤギやウサギは成長した子どもを家族の一員として認識できるのだろうか、とたびたび考えた。個人的な観察の結果で言えば、その問いにたいする答えは明確にイエスである。唯一の条件は、はなればなれにしないこと。たとえ数日間でも、ひとたび別の小屋で過ごすと、おたがいを他人扱いしはじめる。彼らの長期記憶は血縁関係の情報をセーブしておくよう設計されていないのだろうか？　少なくともイノシシの場合は、そしてまたおそらくブタの場合も、あきらかにそうではない。誰が自分の一族なのか、彼らはもっとずっと長く覚えていられるのだ。ただご承知のとおり、ブタにとってそれはあまり役に立たない。なぜならブタは親から離され同い年のグループで育てられ、ふつうは生まれて最初の一年を生きのびることはないのだから。

いまでは広く知られるようになってきたが、ブタはきわめてきれい好きな動物である。彼らは大や小を、あたかもトイレのように決まった場所ですることを好む。このトイレはけっして自分のねぐらには作らない。だって誰が臭いベッドで寝たいだろう！　これはイノシシでもブタでも同様である。小さな区画が並ぶ大規模飼養場（一頭あたり一平方メートル）のなかでフンにまみれている居住者の写真を見れば、ブタたちがどれほど不快に感じているか、おぼろげながら想像できる。

イノシシは寝場所を天気や四季に合わせて変えてもいる。ベッドとしてつねに同じ場所を使うことをなにより好む。なぜならそれは慎重に選ばれた場所だから。しかし風が吹き雨が寝室に吹き込むときは、風から守られある程度濡れずに眠ることができる、森のなかの別の場所へと移る。

夏はイノシシにはたいてい暑すぎるので、むき出しの地面が格好のベッドとなる。一方で冬には、夜の静けさが得られるようじゅうぶんに配慮した寝場所を作る。うっそうと茂り風を防いでくれるキイチゴの茂みのなか、入り口はふたつかみっつだけ開けてある、そんな快適な場所が理想である。そこに乾いた草や木の葉、苔などを持ち込み、ていねいに積み重ねてふかふかの敷物を作る。

「夜の静けさ」と言ってしまったかな？　私たちがベッドのなかで夢を見ている時間にはイノシシだってきっと寝ていたいだろうに、彼らは覚醒と睡眠のリズムを抜け目なく調整していたのだ。毎年ドイツでは六五万頭のイノシシが猟師によって射止められているが、狩猟には陽の光が必要である。(18)追っ手から逃れるため、イノシシは夜の闇を利用する。ドイツでは夜の狩猟が禁じられているから、ふつうはそれでじゅうぶん守られる。ふつうなら。イノシシの場合は、頭数の増えすぎをできるだけコントロールするために、例外が認められている。しかし暗視装置の使用はひきつづき禁じられているので、猟師たちは天気のよい満月の夜を待つ。それなら少なくとも森のなかのひらけた場所では、ぼんやりした影以上のものが見える。イノシシの大好物であるトウモロコシの粒をひとにぎり置いて、イノシシをおびき寄せる。そして食べているあいだに撃たれておだぶつ、というなりゆきだ。だが賢いイノシシは、そうやすやすとはだまされない。彼らは行動時間を夜半過ぎの時間に変えてしまうのである。だが狩猟具メーカーはそのための対策品もちゃんと用意している。それは目覚まし時計のような形をした時計で、倒れると針が止まるようになっている。それをトウモロコシ粒のなかに置いておけば、イノシシが食事にやってきた時間を知ることができる。猟師はその時間帯に狙いを定めてやぐらの上の射撃小屋に上がっておけば、獲物があらわれるのを長時間待たなくてもすむ、というわけである。

それでも差し引きすれば、イノシシの勝ちだったようだ。彼らは撒《ま》き餌《え》を主食の一部とし、駆除されてもなお旺盛に繁殖するので、多くの場所で頭数削減は失敗と見なされている。

ブタにかんしては、強く心を動かされる研究結果がたくさん得られている。それはさまざまな研究機関が大規模飼育での状況改善にたずさわってきた結果ではあるのだが。ウィーン大学獣医学部のヨハネス・バウムガルトナー教授は、これまで観察してきたブタのなかに注目すべき性格を持ったものはいたか、という《ヴェルト》紙の問いにたいして、一頭の年老いた母ブタを挙げた。彼女はその生涯に一六〇頭の子ブタを産み、子どもたちに藁《わら》で巣を作るすべを教えた。娘たちが成長すると、助産婦として出産の準備を手伝ったという(19)。

研究がブタの知能についてそんなに多くの知見を得てきたのに、賢いブタというイメージがなぜ一般に広まっていないのだろう？　おそらくそれは、豚肉の利用にかかわっているのだと思う。皿の上に乗っているのがどんな生きものだったかはっきりわかってしまったら、多くの人は食欲を失ってしまうだろう。霊長類で考えてみるとよい。私たちのうち誰が、サルの肉を食べられるだろうか？

## 感謝

状況や私たちの願望に強いられたものであろうと、自発的であろうとなかろうと、動物が人間に向ける愛情は（その逆はもちろんとして）たしかに存在すると言ってよいだろう。その愛という感情のごく近くにあるのが、感謝の気持ちだと私は思う。そして動物もまた、確実にそれを感じている。かなり年を取ってから家族に迎え入れられた、それまで波乱の日々を生き抜いてきたイヌを飼っている人なら、それを認めてくれるだろう。

私たちが飼っているコッカースパニエルのオス、バリーは、九歳になってからわが家にやってきた。ほんとうは、マキシという名のミュンスターレンダー犬が死んだあと、イヌとの暮らしにピリオドを打とうと思っていた。ほんとうは。とくに妻ミリアムは新しいイヌの受け入れに絶対反対だったのだが、娘が私たちの気持ちを翻《ひるがえ》させようとがんばった。私はといえば、けっこうあっさり折れた。イヌのいない生活など、どのみちうまく想像できなかったから。娘と私が近くにある農産物売買所で開かれていた秋期マーケットに車で出向いたとき、ある催しがそこでおこなわれることを知った。動物保護施設ティアハイム〔ドイツ語で「動物ホーム」〕・オイスキルヒェンが保護している動物たちをお披露目し、新たな飼い主との仲介をしようというのである。だが連れてこられたのはウサギだけで、娘と私はひどくがっかりした。ウサギならもううちにいる。マーケットに出展している店をなんどもぐるぐると巡りながらその催しがはじまるのをまる一日待っていたのに、イヌがぜんぜんいないなんて！　催しが終わる最後の最後に、これから施設の一員となる動物を、施設に連れて行く前に元の飼い主が紹介するとアナウンスがあった。それが、バリーだった。私たちの胸は高鳴った。そのオスイヌは人懐こく、車にも問題なく乗れ、さらに去勢手術を受けていた。完璧！　私たちふたりはベンチから文字どおり飛び跳ねるように立ち上がると、前に進み出た。少し散歩をしてみたあと、三日間お試し飼育することを決めて握手をし、すぐにヒュンメルへと飛んで帰った。

妻ミリアムはまだなにも知らされていなかったから、三日間の「トライアル」は大切だった。人と会っていた妻が夜遅くに帰ってきて上着を脱ぐやいなや、娘が「なにか変わったことない？」と妻にたずねる。妻は周囲を見回して、首を横に振った。「足下を見てごらん！」と私。そして次の瞬間、妻は心を射抜かれてしまった。バリーが尻尾を振りながら妻を見上げると、そのときからバリーがその生を終えるまでずっと、妻はバリーのことを愛し、かわいがったのだった。そしてバリーは感謝していた。そう、その長くつらい旅が終わりを告げたことに、たしかに感謝していた。最初の女主人は認知症になって彼を手放し、その後ふたつの家庭を渡り歩いたのち私たちのところにやってきて、やっと終《つい》のすみかを見つけたのだ。またどこかにやられてしまうのではという不安をバリーは生涯抱えていただろうが、それでもいつもフレンドリーで楽しげだった。彼は感謝していた。それはもう単純にそうだったと思うのだが、どうだろう？

感謝というものをどう測ればよいのか、あるいは、これも同じほど難しそうだが、どう定義すべきなのか？　インターネットであれこれ調べてみたところで具体的な情報はあまり見つからないし、むしろ意見はさまざまだ。多くの動物愛好家にとって、感謝とはある種の見返り、受けた世話の代償としてペットが自分に示す態度、のことらしい。もしそういうことならば、私は動物のなかに感謝の気持ちを探そうなんて思わない。それだと感謝とは隷属の表現のひとつにすぎなくなるし、後味だって悪くなる。基本的なこととして、少なくとも人間で言えば、感謝とはほかのなにか・誰かのおかげで生じた好ましい結果を受けてのポジティブな感情である。多くの定義からエッセンスを抽出すると、そのようになりそうだ。感謝の気持ちを抱くためには、相手が自分になにか良いことをしてくれたと気づくことが必要だ。すでにローマ時代の政治家・哲学者のキケロが、感謝とはあらゆる徳のなかで最高のものだとほめたたえ、イヌにもそれを感じ取る能力があると考えていた。しかしそこにはちょっとややこしい問題がある。誰が、あるいはなにが自分にとって好ましい状態を生み出してくれたのか、動物は認識しているのだろうか。それはどうやって確認すればいいのだろう？　うれしさそれ自体とならんで（喜んでいるイヌは見ればすぐわかる）、そのうれしさの生まれた原因をイヌが考えているのかどうか、という問題もそこには加わってくる。この点にかんして実は動物では比較的容易に確かめることができる。たとえばエサやり。イヌは食事に喜びを感じ、ボウルにエサを盛ってくれたのは誰なのか、しっかりとわかっている。飼い主におかわりを求めることだってよくある。だがそれはほんとうに感謝の気持ちなのだろうか？　そういう行為は物乞いとまったく同じものと見なすこともできる。真の感謝には、生に対する態度や考えかたが、より多くを求めずに、生きていくなかでささいなことでも喜びをもって味わうことが、含まれていないだろうか？　そう考えれば感謝とは、自分自身が生み出したのではない事態を前にして、幸福感と満足感がともに生じることだと言えるだろう。そのような感謝の形は、動物では残念ながらまだたしかには見出せない。生にたいして動物が内面でどう考えているか、私たちはせいぜいかすかに感じ取ることができるだけだ。だが少なくとも私と私の家族はみな、バリーがわが家に終のすみかを見つけたことに満足と幸せを感じているのを確信している。たとえそれを学問的に証明できはしないとしても。

# 嘘いつわり

動物は嘘がつけるのだろうか？　「嘘」という概念を広く取れば、いくつかの動物は嘘がつける。黄色と黒の縞模様でスズメバチに擬態するハナアブは、危険だと思わせることによって敵を「欺く」。しかしハナアブ（アブと名がついているが、実際はハエの仲間）は、自分の擬態行動を自覚しているわけではない。彼らはみずから積極的にそうしようと思ってしているのではなく、けっきょくは生まれたときからそういう外見だというだけなのだから。クジャクチョウの場合も事情は同じである。ヨーロッパに広く分布するチョウで、翅《はね》の上にある大きな「目玉」模様を見せることで、そんなに大きな目を持つのなら獲物としては大きすぎる、と敵に思わせる。そういう、いわば受け身の欺きは横に置いておき、ほんとうにずる賢いやつのことを見てみよう。

たとえば、わが家のニワトリ、フリードリーンはどうだろう。彼はでっぷり肥えた、白色オーストラロープ種の特徴どおりに全身真っ白なオンドリである。フリードリーンは二羽のメンドリ、ロッタとポリーと、キツネやオオタカ除《よ》けをつけた一五〇平方メートルの大きさの放し飼い鶏舎で暮らしている。メンドリが二羽いればわが家の卵消費量的にはじゅうぶんなのだけれど、フリードリーンはぜんぜんそう思っていない。そんなちっぽけな群れではまだまだ力がありあまり、その性的衝動は二ダースのお相手を抱えられるくらいのもの。やむにやまれず、彼はそのすべての愛情を二羽のメンドリに集中させる。たえまなく交尾を迫ってくるのをメンドリたちはいやがって、フリードリーンがまさに飛びかかろうとするやいなや、大急ぎで鶏舎のなかを逃げていく。それでもメンドリの背中に首尾よく乗ることができると、バランスをとるために彼は羽を大きく広げる。同時に、地面にぎゅっと押しつけたメンドリの首筋に嚙みつき、ときには興奮のあまり羽をむしり取ってしまう。そして自分の総排出腔を相手のそれに押しつけ、なかに精子を放出する。瞬時の行為が終わるとメンドリは身震いし、そのあとしばらくはゆっくりエサをついばめる。だがフリードリーンはすぐにまた欲望を覚える。もう二羽とも相手をするつもりはないので、彼にとっては骨の折れる鬼ごっこがはじまる。フリードリーンの息が切れてしまうこともたびたびで、そうなるとちょっとした平穏が訪れることになる。

けれど、もっと穏当にことが進む場合もある。フリードリーンはふだんはいたってジェントルマンで、エサを食べるときなど、彼のささやかなハーレムの住人に先を譲ったりする。なにかおいしそうなものを見つけると、すぐに特別な抑揚をつけてクックッと鳴きはじめる。するとそのエサに、ロッタとポリーが殺到するのだ。ところがその鳴き声をあげたとしても、フリードリーンの足下になにもないときがある。なんとこのオンドリ、平然と嘘をついたのである。おいしいミミズとか特別な穀物のかわりにメンドリたちを待っているのは、またまたつがいのお誘いで、驚いているすきにまんまと成功してしまう。だがそういうことがあまりに重なると（そして二羽のメンドリには数回の嘘でじゅうぶん）、ほんとうによいエサが見つかったときでも二羽は用心深くなる。一度でも嘘をついたものは、もう信用されなくなるのだ……。

ほかにもよく嘘をつく鳥はいる。たとえばツバメ。オスが巣に戻ったときにメスがいないとわかると、オスは警戒の鳴き声を発する。それを聞いたメスは危険が迫っていると思い込み、最短距離で巣へと戻ってくる。オスはニセの警戒音を発することで、自分が留守のあいだにメスが浮気をするのを妨害するのである。卵が生まれるとそんな心配はなくなり、嘘の鳴き声は聞かれなくなる。(20)

わが地に暮らす鳥たちの世界にも、また別の例がある。世界中に広く分布するシジュウカラの仲間で、そのなかにもちらほらと嘘つきがいるのだ。ことが食べものとなれば、誰でもわが身がいちばんだいじ、という話である。白黒の頭をしたこのかわいらしい鳥は洗練された言葉を持っていて、おたがいに敵への警戒を伝え合っている。敵のひとつはハイタカだ。ハイタカはオオタカに似た小型の猛禽類《もうきんるい》で、市街地に近い林などで好んで狩りをする。スズメ、コマドリ、シジュウカラなどを矢のような速さで飛んでつかまえ、近くの茂みに持ち込んで食べる。遠くから危険が迫るのを見て取ったシジュウカラは、高い声を発して仲間に警告する。この音はハイタカには聞こえないので、シジュウカラの一族ならば、気づかれることなく安全な場所へと逃げることができるのだ。それにたいしてハイタカがすでに危険なほどに近づいていたら、警戒音は低周波で発せられる。するとシジュウカラは皆、ハイタカの攻撃が目前に迫っていることを知る。攻撃するほうもこの低めのジージーという鳴き声は聞くことができ、不意打ちを食わせようという心づもりがもはや不意打ちにはならないことを悟る。それでシジュウカラが用心してしまえば、狩りが失敗することもしばしばだ。だが、この非常によく機能している連携プレイを、多くのシジュウカラが自分の都合のよいように使うのである。エサがとくにおいしいものであるときや、少ししかないときに、この小さな嘘つきさんは例の警戒音を発する。全員すばやく安全な場所に避難する――いや、ほとんど全員が、だ。一羽残ったペテン師が、誰にもじゃまされずに食べたいだけ食べられるのである。

浮気にかんしてはどうだろう？　浮気という性の形もやはり一種の欺瞞ではあるが、それは実行者が自分の行為をわかってやっている場合に限られる。カササギのオスでは、まさにそれがおこなわれているのを観察できる。白黒に美しく塗り分けられた模様を持つこのカラスの仲間は、自分の子どものためにスズメ類の子どもを奪うので、都会の人間からは忌み嫌われている。前に述べたように、リスだって彼らと同じことをしているのだが。私はよく、もしカササギが絶滅危惧種だったらどうだろうと想像してみる。彼らが姿を見せれば、人はどれほど歓迎するだろう。模様の黒い部分が青緑色に輝くその羽に、人はどれほど感嘆するだろう。だがこのすばらしき自然の造形物に、多くの人は目を向けることがない。

それはそれとして、浮気の話に戻ろう。ほかのカラスの仲間と同様に、カササギも一生涯にわたるつがいを作る。自分のペアと縄張りを作ってそのなかに住まいを構え、それは長期間にわたって維持される。そして同じ種の仲間にたいして、その縄張りをしっかり守る。それはあきらかに、つがいの双方が相手の浮気を防ごうとするための行動なのだ。というのも、産卵して繁殖のための仕事が本格的にはじまると、縄張りの境界線に向ける熱意はしぼんでしまうから。だがそれ以前にも、きわめて偽善的な行動が数多くなされる。少なくとも、オスの場合は。メスは侵入してきたライバルを激しく追い立てるが、その連れ合いのほうは日和見《ひよりみ》を決め込むのだ。つがいのメスが見ていたり、声の聞こえる範囲にいれば、オスも同じように侵入してきたメスを攻撃に出向く。しかるに見られていないと思えば、オスはあらたにあらわれた美人に熱心に言い寄るのである。(21)

動物の世界には、たとえメディアで嘘の例として挙げられていても、実際はそう言い切れないもの、むしろ狩りの戦略と呼ぶべきものがある。たとえば、キツネ。彼らはクジャクチョウとは違って、意識してだますことができる。狩りの戦術の一部として、キツネは死んだふりをし、その際にときに舌をだらりとたらしたりする。開けた風景のなかに、ぽつりと死骸があるぞ？　それにはつねに引き取り手がいる。とくにカラスの仲間だ。カラスは豪華な肉の提供品に、たとえそれがちょっとうさんくさいものであっても、喜んで飛びつく。我らがキツネの場合は、まだつやつや新鮮だ——いや新鮮どころの話じゃないのだ！　かの黒々とした鳥がごちそうにありつこうとすると、ふと気づけばキツネの歯のあいだにいて、しまいには自分のほうがごちそうに変わってしまうのである。(22)それは名人芸的な擬態のわざであり、確実に詐欺行為ではあるのだが、嘘いつわり、というにはほど遠い。なぜなら、自分の利益のために間違った情報を与える相手が同じ種の仲間であるとき、それをふつう嘘と言うのだから。キツネはきわめて洗練された狩りの戦術を追い求めているだけで、道徳的にはなんら責められるべきものではない。オンドリのフリードリーンや、浮気を画策するカササギとはまったく違うのだ。後者ではその時々に親密な関係にあるものを、意図的にだましているのである。

でも、道徳的に責められるべき、ってなんだろう？　私個人としては、いかな悪巧みだろうと、動物の精神生活とはなんと多面的であることかと感嘆するばかりなのだけれど。

# どろぼうだ、つかまえて！

嘘をつくことが動物では広くおこなわれているとして、では盗みはどうだろう？　それを見つけ出そうと思うなら、まずは社会生活を営む動物で探してみるのがよいだろう。これも嘘と同じく道徳的な評価にかかわる問題だし、盗みに相当する社会的行動は、同種の仲間にたいしてなされる場合にのみ、ネガティブに評価されるものだからだ。

アメリカ原産のトウブハイイロリスは盗みにかけてもずる賢いやつなのだが、まずはそのリスたちが現在なにをしでかしているか、見てみよう。トウブハイイロリスは、ヨーロッパ在来種の赤い（または黒茶の）キタリスにとって、近年かなりの脅威となっている。一八七六年、イギリスはチェシャー出身のブロックルハーストという名の人が、囚われの身になっていたつがいを同情心から野に放し、それ以来ほかの何十人もの動物愛好家たちが彼をまねて同じことをした。ハイイロリスたちは解放のお礼がわりにせっせと繁殖した――あまりに増えて、赤い色をしたヨーロッパの親戚たちを絶滅寸前にまで追い込んでしまった。灰色のリスたちはより大きくより頑健で、おまけに広葉樹林だろうが針葉樹林だろうが気にもかけずに棲みついた。だが在来のリスたちにとってさらに脅威だったのは、トウブハイイロリスとともにやってきた密航者、リスポックスウイルスである。北アメリカに棲むトウブハイイロリスはそのウイルスにたいしてじゅうぶんな免疫を持っているが、私たちのキタリスは虫けらのように次々と死んでいった。愚かなことに、一九四八年には北イタリアでも放されはじめ、その結果ハイイロリスはアルプスへ向けて進出していった。いつの日か峠越えに成功し、私たちの森にも凱旋行進してくるのか、それはわからない。

しかしながら、私は彼らに害獣というレッテルを貼りたくはない。ヨーロッパに連れてこられたのもけっきょくは彼ら自身のせいではないし、優位に立ったのも彼らの行動に責任があるわけではない。私としてはこのへんで「盗み」のテーマに戻ろうと思う。キタリスはよく、同じ仲間の作った冬用貯蔵庫を荒らして食べものを調達する。そのような行為は多くの場合、生きのびるために欠くことができない。そのことは、冬になると私のオフィスの窓から観察できる、雪のなかを必死に探し回るリスの姿が示している。自分の貯蔵庫を思い出せなくなってしまったものは飢えざるをえない。それでしかたなく、おとなりさんの蓄えに手を出してしまうのだ。ヨーロッパ在来種のリスがそれに対抗する戦略をあみ出しているという報告はないが、トウブハイイロリスでは、そのような行動を研究者が発見している。フィラデルフィアにあるウィルクス大学のチームが観察したところによると、彼らは空っぽの貯蔵庫を作る。そのような行動を、あきらかに仲間をだますためにとっているのである。しかもそれは、自分が見られているな、と思ったときだけなのだ。彼らは地面に少しばかり穴を掘り、まるでそのなかになにかを押し込むようなしぐさをする。それは研究者によれば、齧歯類《げっし》が偽装工作をする、はじめての証拠であるとのこと。多数の別のリスが見ているときには、最高で二〇パーセントがカラの貯蔵庫だった。食べものが入れられている貯蔵庫をためしに学生に掘り返させてみると、トウブハイイロリスはすぐに反応し、人間の盗掘者のいる前でも同じように偽装行動をとった。

カケスの窃盗行為も、なかなか大がかりである。この鳥は基本的に安全第一主義者で、冬にはほんの少しの食べものがあればじゅうぶんなのに、一万一〇〇〇個に届くほどのナラやブナの実を柔らかな森の地面に貯めておく。油脂を多く含んだそれらの種子は次の実りの時期までの非常用ストックとして使われるだけでなく、春になってヒナの養育のためにも用いられる。だがそれにしたって、この賢い鳥の蓄えはふつうに考えてあまりに多すぎる。カケスは数千の貯蔵庫のひとつひとつをたった一回つつくだけで見つけるのだから、すばらしい記憶能力だ。使われなかった種子は芽吹いて成長し、続く世代に木の実をもたらしもする。私の管理する地区では、単調な古いトウヒの植樹林に広葉樹の若木を生やすのに、鳥たちの蒐集熱《しゅうしゅう》を利用している。どうするかというと、支柱の上に育苗箱《いくびょうばこ》を置き、ナラやブナの実を満たしておく。するとカケスたちが喜んでついばみに来て、その獲物を周囲数百メートルの土地にまんべんなく蒔いてくれるのだ。これは両者にメリットがある。この地区の人間はとてもリーズナブルに新しい広葉樹林が得られ、カケスは心置きなくかつ簡単に大量の冬期備蓄品をしまい込める。しかしナラやブナが開花しない年もあって、するとカラフルなカケスたちは切羽詰まる。収穫の多い年には個体の数を増やす一方で、こんどは減少がやってくる。自然が太古の昔から、何千回と、容赦なく要求してきたそのままに。もっとも、飢えるにまかせるのをよしとしないものだっている。一部のカケスは南へと移住していくし、多くのものたちは先祖伝来の森で生きのびようと試みる。

そんな欠乏の時期には、カケスはリスの場合と同様に、仲間が晩秋にその宝物を埋めるところを観察している。そして数多くの隠し場所をすべて注意して見守ることなど誰にもできないから、仲間がせっせと集め埋めてくれた実を食べながら、ひとり優雅に冬を生きのびることができるのだ。こういうかけひきを鳥たちははっきり意識してやっていることを、ケンブリッジ大学の研究者たちが見出した。それを確かめるために、彼らは大きなケージのなかに異なる材質の地面を設置した。ひとつは砂地のもの、もうひとつは砂利でできたもの。穴を掘るときに砂では音がほとんどしないが、砂利石は掘っていることが周囲にわかるほどの音を立てる。カケスが貯蔵庫を作るとき、まさにそのことを念頭においているようなのだ。ケージに自分だけのとき、与えられたピーナツはどちらの地面にも隠される。掘っているときに競争相手によって見られ、かつ音を聞かれているときも、同様にどちらを掘り返すかは重要ではない。前者の場合、価値ある獲物がどこに隠されたのか、誰も知ることはない。後者の場合は、隠すようすを見ていたものに秘密のありかが把握されてしまったのは、どのみちあきらかだ。しかし競争相手が、どこにいるかはわからないが、音は聞こえる範囲にいるらしい場合には、カケスは音のしない砂地を選ぶのである。そうすれば、どろぼうとなりそうなものが貯蔵庫作りに気づかぬ可能性が、より大きくなる。逆にどろぼうのほうも、やはりなるべく静かに行動する。仲間が目の前にいるときはふつう大きな鳴き声でコミュニケーションをとるのに、貯蔵庫作りを見ているときはあきらかに小さな声になる。まぎれもなくそれは、自分がそこにいることがバレないようにである。(23) ここからふたつのことがあきらかになる。隠しものをしている鳥は、その場にいる仲間の身になって考え、自分の視野の限界を計算に入れることができる。そしてどろぼう予備軍は、ピーナツ貯蔵庫荒らしをやすやすとおこなうチャンスを高めるために、先を読んで行動しているのだ。

けれど、盗みが他人の所有物を意識的に奪うということだとすれば、それは同種の仲間どうしでおこなわれるだけではない。種の異なる者のあいだでの略奪の痕跡は、冬になれば多くの広葉樹林で見つけることができる。それは、掘り返された土が周囲にうずたかく積まれた、深いところで半メートルほどの穴だ。そんな穴が掘れるのはイノシシだけであり、しかもいわゆる「どんぐりの年」になるとあらわれるのである。この言葉はブナやナラの実の豊作を意味し、かつてはもちろん農民にとっても恵みであった。そのような年には飼育しているブタを森に放し、木の実をたっぷり食べさせることで、冬の屠畜シーズンの直前にあらためてしっかり太らせることができた。現在では森での放牧は（少なくとも中央ヨーロッパでは）禁じられているが、概念は残っているのだ。そしてもちろんイノシシも、家畜化された親戚と変わらぬ行動をとる。ぶ厚い脂肪の層をその身に蓄えるのである。しかし自然の恵みが消費し尽くされ、地上のどんぐりが掃いたようにきれいになくなると、ぐうぐう鳴るおなかがもっとおかわりを、と要求する。そしてそれは、地面の下にある。冬を心配なく過ごしたいネズミたちが、収穫の分け前を地中の貯蔵室に隠しているのだ。寒さの厳しい季節でも、寒気は落ち葉の層の下、数センチまでしか届かない。だからネズミの巣は、最低でもつねに五度ほどの温度に保たれている。ふかふかの落ち葉や苔がすきま風をシャットアウトするので、かなり快適に過ごせるのである——少なくとも、イノシシが通りかかることがなければ。この灰色の穴掘り名人はとてもよく利く鼻を持っていて、小さな齧歯類の作った住まいをずっと遠くから匂いで嗅ぎつける。ネズミたちがせっせとブナなどの木の実をため込み、それをみな一か所に集めておくのを、彼らは経験から知っている。ネズミにとっては数か月分にもなる莫大な蓄えも、イノシシにとってはちょっとした軽食だ。けれどネズミはたいてい大きめのコロニーを作って暮らしているから、ネズミ数匹分のそんな軽食をとれば、イノシシが寒い日に必要とするカロリーくらいはまかなえる。イノシシは巣穴に沿って地面を掘っていき、食糧庫を掘り当てると数口でそこを空っぽにしてしまう。ネズミは逃げて、あてのない運命に身をゆだねるしかない。家を失ったものたち全員を養うだけの食べものなど、冬にはほとんどないのである。もし地中でイノシシに出くわしてしまったら、即座に食べられてしまう——イノシシは付け合わせを添えた肉がお好みなのだ。ネズミたちにとっては、じわじわと飢えていくような死にかたをしないですむ、とも言えるけれど。

さて、このような行動は道徳的な見地からみてどうだろう？　イノシシによる食糧庫の略奪は、本来の盗みとは言えない。彼らは結局、同種の仲間を欺いているわけではない。ネズミの蓄えを略奪していると彼らが完全に自覚しているとはいえ、それは結局この種がおこなう、ありふれた食糧調達法のひとつなのだ。でもネズミの意見は、また別かもしれない。

# 勇気を出して！

もし動物が、堅固に設計された遺伝子的プログラムにしたがって行動するだけであるなら、ひとつの種のあらゆる個体は、同じ状況では同じ反応をするはずである。しかるべき量のホルモンが分泌されると、それに対応する本能的行動が呼び出される、というふうに。だがそうなっていないことは、おそらく皆さんもペットを見てわかっているだろう。勇敢なイヌもいれば怖がりなイヌもいるし、気の荒いネコもいればおとなしいネコもいるし、臆病なウマもいればとくべつ鈍感なウマもいる。個々の動物がどのような性格に育つかは、その持って生まれた遺伝的性質と、環境を通じて形作られた性質、つまり経験に左右される。たとえばわが家にいたイヌ、バリーはウサギ並みの臆病者だった。すでに書いたように、彼はうちにやってくるまでさまざまな飼い主のあいだをたらい回しにされた。うちに来てからもずっと、見捨てられるのではないかという恐怖を抱き続けていた。親戚の家を訪ねるのにいっしょに連れて行こうとすると、いつもひどく取り乱した。もうどこかにやられることなどないなんて、イヌにわかろうはずがない。せわしなくハアハアとあえぎながらナーバスになっているのを見て、私たちは結局、苦しむバリーを数時間ひとり家に残していくことにした。家に戻ったときに目にしたのは、リラックスしたバリーの姿だった。年のせいで耳が悪くなっていたバリーは、私たちが帰ってきたことに気づかずぐっすりと眠り込んでいる。歩く震動が板張りの床に伝わって私たちの帰宅を知ると、寝ぼけ眼《まなこ》でこちらを見たのだった。バリーは勇気のない臆病者の例だったけれど、その逆の性質についても吟味してみたいと思う。目を向けるのは、森である。

特別な勇気を示したものがいた。それは、ある一頭の子ジカだ。その子ジカは母親とともに、設置されていた柵を突破したのだった。嵐でトウヒ単一の人工林が倒されてしまった土地に、私は以前柵を作ったことがある。できるだけ自然に近い森林を作り出すため、私たち森林官は広葉樹の若木を植えた。その若木を草食動物の貪欲な口から守らねばならないので、その植林地の周囲に柵をしつらえたのだ。有刺鉄線の柵は二メートルの高さで、その背後でナラやブナの苗木を育てていた。そののち嵐がやってきて、植林地のとなりに生えていた一本のトウヒが倒れ、柵のひとつを地面に押し倒した。そのすき間からノロジカと、先に述べた子ジカを連れたメスのシカが、夢の園へと入り込んだ。ここではじゃまなハイカーもいないし、お望みの広葉樹のおいしい若枝に心おきなくかぶりつける。だが私はもちろんがっかりだ。高価な柵はもう役に立たず、いつの日かまたブナやナラの自然林に近いものを得ようという目標が、はるかに遠のいてしまったのだから。そこで私はわが家のおちびさん、ミュンスターレンダー犬のマクシといっしょに柵の向こうへ入り、招かれざる客を追い出そうと試みた。柵の一角を開放し、柵に沿って追われてきたシカたちがそこから逃げ出せるようにしておいた。マクシが投入されたからには、必ずや逃げていくはずだ。一〇〇メートルほど離れたところからマクシに合図をすると、彼女はそれに応えてあちらへこちらへと駆け回り、小さな茂みにいたるまでくまなく探し回った。入り込んでいたノロジカは私の横をすりぬけて柵のあいたところから外へと出て行ったけれど、二〇メートルほど先で柵と地面の狭いすき間に体をねじこんで、またなかに入ってしまった。一方でシカのほうも不首尾に終わった。こちらは子ジカにしてやられたのだ。母ジカは子ジカを大急ぎで外に連れ出そうとし、それをマクシがフルスピードで出口の方向へと追い立てる。だがそこで、こともあろうに子ジカの堪忍袋の緒が切れたのである。子ジカはくるりと向き直ると、マクシのほうへ猛然と突進してきた。いつものマクシはとても勇敢で、なにかを怖がることなどまったくない。けれど自分に迫ってくる子ジカなんて、彼女はこれまで経験したことがなかったのだ。マクシはあっけにとられて立ち止まる、だが子ジカは攻撃の手をゆるめない。しまいにマクシは逃げ出した。こうなっては私にも手立てはない、今日のところは植林地にいさせてやろう。マクシにたいする敬意はどこかへすっとんでしまったし、私も苦笑いするほかなかった。シカの子どもで、あれほど勇気のあるやつははじめてだ。そう、実際その子は勇敢だった。ほんとうなら母ジカがあいだに入って、追っ手から子どもを遠ざけるべきだったのだから。

けれど、そもそも勇気とはなんだろう？　この概念の定義はまたしても多様であいまいだ（皆さんも即興で定義を考えてみてほしい）。しかしひとつの傾向はあるようだ。つまり、危険だとはっきりわかっていても、重要だと思った行動をやりとげること。驕《おご》り高ぶり蛮勇をふるうのとは反対に、勇気とはポジティブな性質であって、その意味であの子ジカはまさに正しい行動をとったのだった。

ところで、すでに言及した、私たちのいる営林署官舎に隣接する古い松林で巣作りをするノハラツグミも、同じくらいに勇敢である。彼らの宿敵ハシボソガラスが姿を見せ、ヒヨコたちに狙いを定めるのを、手をこまねいて眺めてなどいない。その恐ろしい鳥がコロニーめざして飛んでくるやいなや、ただちに空中で攻撃をしかける。ツグミたちは自分より体の大きな闖入者《ちんにゅうしゃ》に群がり、荒々しく急降下しつつ襲いかかる。カラスにとっては、怒れる小さな鳥たちから身を守る、あるいはひどく痛めつけることなどたやすいことだろう。だが、たいてい仲間たちと協同しておこなうその思い切った先制攻撃はカラスの調子を狂わせ、その結果カラスはただただ攻撃をよけるばかりとなる。カラスは知らず知らずのうちに（そしてツグミの望んだとおりに）巣から遠ざけられ、さらに神経もまいってきて、ついには数分もしないうちに退却し、古い森の領域から立ち去ってしまうのである。さて、ノハラツグミは勇敢なのだろうか？　それとも、敵があらわれたら反応せよという遺伝子のプログラムが発動しているだけなのだろうか？　それは両者の混合であって、同じような状況なら、同じようにそのふたつは混じり合っているのだ。私たちだって、たぶん同じなのだろう。すべてのツグミがそんなに大胆不敵に、そんなに粘り強く反応するわけではない。どこまでカラスを追いかけていくか、どれだけ急降下攻撃をしかけるか、それは個々の鳥によってさまざまだ。怖がりのツグミが気乗りせぬまま飛びたつかたわらで、勇敢なツグミががんばって、カラスを数百メートル先まで追い払う。

だがそうすると、勇敢さに劣るものはおのずと不利な立場に置かれるのだろうか？　マックス・プランク鳥類研究所のニールス・ディンゲマンスとそのグループは、そう考えていない。シジュウカラで調べたところ、臆病な個体は同種の仲間との協調性がより高かった。争いや大集団を避け、傾向を同じくするものの小グループで暮らすことを好んだ。臆病なシジュウカラはゆったりと落ち着いていて、行動を起こすまでに時間がかかる。そしてその際、勇敢で敏捷な仲間がしばしば見落としてしまうようなもの、たとえば昨夏の残りの種子などを、彼らは見つけ出す(24)。つまり、勇敢な動物も臆病な動物も等しく有利な点と不利な点を持っているからこそ、そのふたつの性格は今日まで保たれてきたのである。

# 白か黒か

多くの人は、基本的に動物の感情に関心を抱いてはいる。だがこの関心はたいてい、すべての種《しゅ》を含んでいない。とくに、私たちが危険だとか気持ち悪いと感じているような種は。「マダニってなんの役に立っているんですか？」といった質問をよく受けるのだが、いまでも驚いてしまう。生態系のなかで、あるひとつの種だけがなんらかの特別な任務を負っている、などと私は考えていないのだ。森林官の口からそんな言葉が出てくるなんて変だと思われるだろうか？　しかしその原則こそが、どの生物にもそれにふさわしい敬意をもたらすのだと、私は考えている。

だがとりあえず、順を追って見ていこう。まずはいくつかほかの例を挙げてみる。たとえばスズメバチ。高度な社会性を持ったこの昆虫は、晩夏になると神経をひどく高ぶらせる。私も、針を備えたこのシマシマのハチにはいつしかうんざりするようになっていた。おそらくそれは、子どものころの経験のせいである。自転車をめいっぱい漕いでプールへと向かっていたそのとき、一匹のスズメバチが吹きつける風に乗ってこちらへと飛んできて、私の唇のあいだに張りついた。もちろん口をぎゅっと閉じたけれど刺されることは避けられず、まるでミシンで縫われたような鋭い痛みが数回走った。下唇が破裂するのではと心配になるほどパンパンに腫れた。見た目がへン、ということにかんしてちょっと自意識過剰な年頃でもあったから、つまりはそれ以来、スズメバチはそれほど得意でなくなってしまったのだった。同じようなことは、皆さんもたぶん経験があるだろう。だからあらゆるタイプのスズメバチ除けグッズが売られているのも、不思議なことではない。たとえばなかに甘い誘い水が入っている釣り鐘型のガラス容器があって、スズメバチは誘い込まれて溺れ死ぬ、とか。自分勝手に思えるが、実際、自分勝手なことなのだ。だが人を刺す昆虫は基本的には無価値なものと見なされていて、そこにためらいの余地はない。

ここで場面転換を。同僚の女性が、高さのある花壇型のプランターでキャベツを育てていた。肉厚の葉の上にはたくさんの丸々太ったモンシロチョウの幼虫がいる。この幼虫も、葉脈にいたるまでキャベツの葉を穴だらけにする害虫である。同僚は私たちにアドバイスを求めてきたので、次のような話をしてあげた。ニームオイルを数年前から使っていたのだけれど、このエコロジー的に欠点のない噴霧剤を使いはじめてから（オーガニック農業にも使用が許可されている）、育てているキャベツを収穫まで食われることなく保てていた。だがニームオイルをプランターで使うのをやめてみたら、ここでまたスズメバチが登場したのだ。スズメバチはイモムシに襲いかかると粉々に嚙みちぎり、その獲物を巣で待っている腹を空かせた子どもたちのために持ち帰った。

あっという間に、やっかいもののイモムシはみな消えてしまった。営林署官舎でも同じような光景が観察できた。夏のスズメバチ被害が多い年は、イモムシのいないキャベツ畑となったのだ。さて、スズメバチは益虫なのだろうか？

このたぐいのレッテルが、庭の周囲に集まってくる動物や虫たちに貼られている。シジュウカラ－有益（イモムシを食べる）、ハリネズミ－有益（カタツムリを食べる）、カタツムリ－有害（サラダ菜を食べる）、アリマキ（アブラムシ）－有害（植物の樹液を吸う）。どの有害生物にもその数を抑制する有用生物がいるというのも、みごとというしかない。だが、自然をそのような形で区分けするとき、次の二点がおのずと前提されている。一点目、あらゆるものが絶妙に折り合い均衡するよう計画され実行された、創造主の設計図があるはずだ。二点目、この創造主は人間の要求にかなうようにこの世界を作りあげた。このような世界観に、マダニの存在にはなんの意義があるのか、という問いはとうぜんぴたりとはまる。それを批判する気はないし、どのみちそういうものの見方を自然保護団体でさえ広めていて、たとえば有益な動物が増えるのを巣を作ってやることで助けたりしているのだ。だがほんとうに自然は、これはこっちの引き出しであれはあっちの引き出しなどと、仕分けできるものなのか？　もしそうだとしたら、私たち自身はどの引き出しに入れられるのだろう？

いやいや、私の考えでは、無数の種の果てしなく多様な生がこれほどバランスよく配置されているのはなぜかといえば、考えもなくあらゆる資源を使い尽くす超エゴイスティックな種がまず最初に生態系を不安定にし、生態系そのものとそこに生きる生物を不可逆的に変えてしまったからなのだ。その出来事はおよそ二五億年前に起こった。嫌気性、つまり酸素を必要としない種が当時は多量に生きていた。私たちにとって非常に大切な現在の空気は、当時の生物にとってまったくの毒だった。あるとき、シアノバクテリアが猛烈な速度で蔓延しはじめる。彼らは光合成を通じて栄養をとり、そのさいに廃棄物として大気中に酸素を放出した。酸素はまず岩石に、たとえばそこに含まれる鉄が錆びるという形で吸収された。しかしいつしか吸収されない酸素が大量に溢れ、大気をどんどんと満たしはじめる。最後には致死量の限界を超え、それにより多くの種が死に絶え、そして残ったものたちが、酸素を使って生きる方法を身につけた。この適応した生きものの子孫が、私たちである。

より小さな修正は原則的に毎日生じている。私たちは獲物となる動物とそれを狩る動物とがバランスよく配置されていると思っているけれど、現実にはそこには激しい闘争があり、多くの敗者が生まれているのである。オオヤマネコがその広大な縄張りを巡回するときは、ノロジカを食べたいと思っている。オオヤマネコはあまり足が速くないので、奇襲攻撃に賭けるしかない。猛獣の存在が群れのなかでまだ周知されていない、のんびりして警戒心を欠いた草食動物を狩ることは、さして難しいことではない。週に一度、オオヤマネコはノロジカを味わうことができるが、それもほかのノロジカたちが警戒心を抱くまでのことだ。そうなれば、森のなかでは木の枝が折れる音でもパニックが起こり、さらには人間に飼われている動物までが不信感を抱きはじめる。

同僚の森林官から聞いた話だが、オオヤマネコが縄張りを巡回していることに最初に気づいたのは、彼の飼っているネコだったそうだ。玄関に近づこうとしなくなったんだよ、と。だが、誰かがオオヤマネコのことをネコに告げたとは考えられない。おそらく、獲物になる可能性のある動物たち全体のふるまいが、森のなかに不信の雰囲気を幽霊のごとく漂わせたのだろう。その結果としてオオヤマネコが獲物に出くわす可能性がどんどんと減っていき、場所を移動するしかなくなる。数キロほど先の、まだ自分の存在を知らない獲物のいるあらたな土地でなら、ふたたび心置きなく狩りができる。しかし同じ地域にいるオオヤマネコが多くなりすぎれば、いつかは無警戒な獲物がいなくなってしまう。気温が低く、それにともなってエネルギー消費量が増加する冬には、多くのオオヤマネコが飢える。経験の乏しい若者は、とくに。個体数がおのずと調整される、とも言えるが、けっきょくそれは生きものが死んでいく、それもひどく残酷な形で、ということなのだ。

つまり、自然は引き出しのついた戸棚ではない。根本的に良い種、悪い種というものは存在しない。それは、リスにかんして見たとおりである。ただ、本章の冒頭に挙げたマダニよりもリスのほうが、共感や、少なくとも私たちの関心をかきたてやすいということはある。けれどこの不快感をもよおさせる小さな虫だって感情を持っているのであって、たとえば空腹のような単純な情動を考えてみれば、それは経験的にわかることだろう。腹が鳴れば、この小さなクモ形類は哺乳類の血液を欲するようになる。空っぽの胃は、とくに一年ほども満たされていなかったときには（マダニは極端な場合、次の食事までそれくらい長く耐える）、不快なものにちがいない。しかし大型の動物がどしんどしんと歩いてくると、マダニは震動を感じ、汗などの発散する臭気を嗅ぎつける。前の足がすばやく伸ばされ、運が良ければ通り過ぎていく足や体にしっかりとしがみつき乗ることができる。次にマダニは気持ちよい暖かさの、皮の薄い皮膚のほうへと這っていき、そこに食い込む。口吻《こうふん》で傷口に自分をしっかり固定すると、流れ出てくる血液を吸うのである。この小さな吸血鬼は自分の体重を数倍にもし、エンドウ豆ほどの大きさにまでふくらむ。彼らは脱皮を三回するが、脱皮の前にはそのつどあらたな犠牲者を見つけて血を補給しなければならない。それゆえ、成虫になるまで長くて二年かかることもある。そしてようやく大人になると、体が小さいオスと大きいメスはほとんど破裂しそうになるまで大量に血を吸い、あと残るはフィナーレだけだ。オスは交尾をせねばならない。ねばならない？　いや、したい！　私たちと同様に彼らもまた衝動に導かれ、ぎゅっとしがみつき目的のことをいたすために、熱心にパートナーを探す。そしてそのあと――ここから先はさいわいにも人間と重ならない――オスは死んでいく。メスはもう少し長く生きて、二〇〇〇個の卵を産む。そして、やはり死んでいく。

その最高のしあわせが、あるいはそんな感情はまだ立証できないというなら、少なくともその生のクライマックスが、幾千もの子孫を残しそのあと疲れ果てて死んでいくことにある、そんな生きもの。もし哺乳類であれば、自己犠牲的だ、と私たちは言うだろう。けれどマダニにたいするとっておきの感情はといえば、残念ながら、嫌悪感だけである。

# 温かいハチ、冷たいシカ

生物の授業で、皆さん習ったはずのこと。動物の世界を分類するやりかたにはいろいろあるけれど、そのなかに恒温動物、変温動物という分けかたがある。そう、またまた登場の「引き出し」だ。そしてやはりここでも、動物たちはその引き出しにぴたりと収まってはくれない。それをこれから見ていこう。だがまずは、この学問的な分類法についておさらいしておこうと思う。恒温動物は体温を自分で調節し、一定に保つ。いちばん良い例は、私たち人間である。寒さに凍えると筋肉が震えだし、それによって必要な熱エネルギーを作り出す。暑すぎれば汗をかき、気化熱で体を冷やす。それにたいして変温動物は外気温に無条件で連動し、あまりに寒くなると、可動性が失われる。冬になればわが家の薪のあいだにはいつも、もう飛び立つことができなくなったハエたちが潜んでいる。彼らは超スローモーションで薪の上を歩いてはいるが、零度以下の気温ではそれ以上のことはできない。寒い季節のあいだに鳥に見つからなければいいなあと、彼らはよるべない思いで願っているにちがいない。すべての昆虫が、このような仕組みになっている。すべて？　いや、わが家の（そしてほかにいるすべての）ミツバチは、そうではないのだ。

もともと私は、ミツバチが好きではなかった。昆虫と関係を築くのは難しいし、ミツバチは刺したりもするのだから、おのずと反感も生じようというものだ。くわえてハチミツもほとんど食べることがない。養蜂家にはあまり向いてないのである。まあつまり、私はそういう人間なのだ。ただ問題は、わが家のリンゴの木だった。春にミツバチが来なくなってしまったのである。なんとかしようと、二〇一一年にミツバチの群れをふたつ、調達した。それ以降、受粉はすばらしくうまくいくようになったし、大量のハチミツも手に入る。だがなによりの収穫は、ミツバチというものが多くの点でほかの昆虫とは異なっていると知ったことだった。そもそも彼らは、恒温動物なのだ。あれだけ熱心にミツを集める理由も、そこにある。ハチミツへと加工され巣に蓄えられる花のミツは、冬のための燃料ストックとして使われるのだ。ミツバチは快適な暖かさを好む。三三度から三六度のあいだが彼らの適温で、哺乳動物よりほんの少し低い。夏は、まったく問題ない。最大で五万ほどの個体が働くことで筋肉が大量の熱を発するのだ。むしろ群れが過熱しないよう、もったいないが放熱する必要がある。そのため働きバチは近くの池から水を運んできて、巣のなかで蒸発させる。さらに何千匹もが翅をはばたかせることで空気を循環させ、それが巣のなかの温度を低く保つ。ただし、力を合わせてのそんな努力も、それを妨げるものの前では無に帰してしまう。外部から攻撃されたり、あるいは巣箱の場所を不適切に移動したりすると、興奮したミツバチたちの体温があまりに高くなり、それによって巣が溶けてしまったり、ミツバチたちが熱中症で死んでしまったりする。そのような現象を業界用語で「ブンブン死《フェアブラウゼン》」と呼ぶが、その表現はパニックになって自身の死を招いてしまう群れの、騒々しく翅を鳴らす音からきている。

しかし温度は通常、完璧に調整されている。一年のほとんどはミツバチにとって気温が低すぎるので、熱の供給が重要となる。筋肉の震えはカロリー消費につながり、そのために必要なエネルギーはハチミツという形で摂取される。ハチミツは、高度に濃縮された糖の溶液にビタミンや酵素が加えられたものである。とくに冬には、群れあたりひと月につき三キロのハチミツを消費する。冬に備えて体にため込んだクマの脂肪と同じく蓄えはたえず減っていき、それにつれて群れ全体も激しく縮んでいく。

寒さがつのると、ミツバチはぎゅっと体を寄せ合ってひとつの玉を作る。もっとも暖かくしかも安全なのはその玉の中心部で、もちろんそこには女王バチがいるはずだ。では、いちばん外側にいるハチは？　外気温が一〇度を下回ると数時間で凍え死んでしまうのだが、そこはなんともやさしいことに、なかにいる仲間が交代してくれて、押しくらまんじゅうのなかでまた暖まることができるのである。

つまり、ミツバチが明確に示してくれたように、昆虫といえば必ず変温動物というわけではないということだ。そして皆さんもすでにおわかりだろうが、逆に哺乳類だって必ずしも恒温動物ではない。実際のところ体温をコンスタントに保つことは哺乳類（そして鳥類）の特質とされているが、小さなハリネズミを見れば、例外のない規則はない、ということがわかる。同じくらいの大きさのリスが雪のなかでもときに活発に枝から枝へと動き回っているのにたいして、地上性でとげを持つこの動物は寒い季節をずっと眠って過ごす。そのとげはリスのぶ厚い毛ほどの断熱効果を持たず、ゆえに気温が下がると非常に多くのエネルギーを消費してしまう。くわえて好物である甲虫やカタツムリはすでに身を隠していて、地上ではお目にかかれない。同じように休憩時間をとるのが自然というものだろう。とげとげさんたちは、おもに積もった枯れ葉や柴の深いところに隠れるようにしつらえられた、ふかふかにクッションを敷きつめた巣のなかでぬくぬくと丸くなる。そこで数か月の深い眠りに落ちるのだ。多くのほかの種とは異なって、ハリネズミはそのとき三五度の体温を保とうとせず、エネルギーの供給を止めてしまう。その結果、体温は周囲の気温と連動し、ときには五度まで下がってしまう。脈拍はゆっくりしたものになり、一分間に二〇〇回からたった九回にまで減る。そして呼吸数も一分につき五〇回から四回に減少する。そうすることでハリネズミはエネルギーをほとんど消費しなくなり、蓄えを使いつつ次の春まで過ごすのである。

ハリネズミにとって、寒さはたいした問題ではない。その逆で、キンキンに寒いほど、今述べたような戦略がもっともよく機能する。だが冬の気温が六度を上回ると、命の危険に陥ってしまうのだ。彼らの体はゆっくりと活動をはじめ、深い眠りは半醒半睡の状態へと移る。するとエネルギー消費ははっきり増えるが、それに応えて動き出せるほどには目覚めていない。そんな天候が続くと、このねぼすけさんたちのなかには飢えて死んでしまうものも出てくる。一二度を超えてようやくきちんと動きだし、食事もできるようになる。なにか見つけることができれば、だが――獲物はみな、あいかわらずまだ隠れたままだから。運がよければ早起きさんのうちのいくらかは人間に発見され、ハリネズミ保護センターで食べものをもらえる。

では、冬眠中のハリネズミはどんな夢を見ているのだろう。ほんとうに深く眠っている時間には代謝がほとんどなくなり、おそらく夢も見ない。夢を見ているときは脳が活発に活動するので、非常に多くのエネルギーを必要とするからだ。つまり、代謝がなされなければ、脳内イメージも生じえない。それなら六度を超えたときの、ぼんやりしている状態ならどうだろうか。もしハリネズミがそこで夢を見ているとしたら（どのみちエネルギー消費は高まっている）、それはおそらく悪夢に似たなにかだろう。できれば目覚めてそこから抜け出したいが、そうできない、そんな夢。いずれにせよ命の危険が迫る状況だし、たぶんハリネズミ自身もそのことを半分寝たまま感じていて、意識をはっきりさせようとあがいているのだろう。かわいそうなおちびさん――残念ながら、気候変動がそんな暖かい冬をさらに招き寄せている。

夢の問題に限って言えば、リスのほうが状況は少しましだ。彼らはちゃんとした冬眠はせず、ふたたび目覚めて空腹を感じるまで、一回に二、三日うつらうつらするだけである。その期間は心拍数がやはり減少し、カロリーの消費量も低下するが、体温は高く保たれたままだ。それゆえ定期的に栄養豊富な食べものを摂る必要がある。たとえばナラやブナの実だが、すでになかったり見つけられなかったりすれば、リスは飢えてしまう。逆にハリネズミに近い戦略をとっているのは、シカである。驚くべきことに、シカも体の外に出ている部分の温度を下げることができる。それは一日のなかで繰り返し起こり、その結果として彼らの「冬眠」が続くのはほんの数時間ほどにすぎない。いずれにせよ、彼らはそうやって大切な体脂肪の消費を抑えている。外気温が低くても、代謝率は夏の六〇パーセント以下になる。[25] だがそこで、さらなる問題が浮かび上がる。栄養物の消化は代謝のフル回転を要求するのだ。冬の間、食物をまったく摂らないわけにはいかない。そしてシカがなにか食べれば、食物が提供するよりもっと多くのエネルギーが、消化のために必要となる。それゆえ、猟師がアカシカにエサをやると、皮肉にも彼らを群れごと飢えさせてしまうこともありうるのである。それはわが家のあるアールヴァイラー郡で、かつて起こったことだ。二〇一三年、猟師たちのあいだに怒りの声が上がった。州による禁止に反してエサを多くやった猟師がいて、その結果、一〇〇頭近くのアカシカたちが飢えて死んだというのだ。もし干し草やテンサイを与えることで消化機能に多くの負担をかけなかったとしたら、少なくない数のシカは生き延びていただろう。アカシカは本来、寒い季節には主に体脂肪を栄養にして生きている。秋にたっぷり食べて、蓄えるのだ。

冬のシカたちは、たえまない空腹に苦しんでいるのではないか。いつからか、そんな疑問が頭から離れなくなった――考えると、けっこうつらい気持ちになるのだ。ぐうぐう鳴るおなかをかかえながら冷たい雪のなかにいて、体表の温度は標準以下に下がる。少なくとも人間ならば、それはとても不快なことに決まっている。だが、動物は空腹感を閉め出せるということが、近年わかってきたのである。空腹とは、ただちに食物を摂取せよと要求する、無意識の指令である。そしてこの感覚は、カロリー補給が有効な場合にのみ、摂食への欲望を喚起する。たとえば、吐き気について考えてみよう。空腹を覚えているとしても、食べものに腐臭を感じれば、すぐに食べるのをやめるだろう。無意識は空腹感を一時的に止め、目の前にある食物はひとくちたりとも食べない、という有無を言わせぬ意思に置き換える。シカの場合、それが木の芽や枯れ草への拒否感なのか、それともたんなる満腹感なのか、わからない。言えるのは、動物は冬になると食を絶たれても空腹をほとんど感じない、それはエネルギーの供給と消費を差引勘定した結果、そのほうがよいからである、ということだ。

だが、気温の低下と代謝の減少というこのメカニズムが有利に働く度合いは、すべてのシカで等しいというわけではない。どれほど有利かは個体ごとの性格によるし、とりわけ群れのなかでの序列や立場に左右される。冬、アカシカの強い個体は、特別な危険にさらされる。群れを率いている彼らは、つねに周囲に注意を払い続けている。彼らの心拍数は高い水準に保たれ、それにつれエネルギー消費も増える。リーダーはよい餌場へ優先的に入れるが、それもたいして役には立たない。枯れた葉や樹皮という栄養に乏しい冬の食物ではじゅうぶんなカロリーを満たせず、ゆえに蓄えた脂肪が減っていく。その減る量は、序列が下の仲間よりはるかに大きい。低位の個体は、警戒はひとまかせにして寒い冬の夜をうつらうつらしながら過ごし、食べる量はリーダーたちよりたしかに少ないが、エネルギー消費はさらにずっと少ない。冬の終わりには、上位ののたちよりも多くの蓄えが残る。ウィーンの研究者によれば、群れの上に立つ個体はどこでもまず最初に食物を食べるが、生きのびるチャンスは逆に減少する。この驚くべき発見は、広大な地区での観察の結果として得られたものだ。今後はひとつの種の平均値よりも各個体の生活史や個性のほうをより考慮していくべきだろう、と研究者たちは言う。けっきょく進化とはまさにそのように、標準からのずれをもとに生じるのだ、と。(26)

つまり、変温動物と恒温動物というふたつのカテゴリーの境目は流動的なのである。では、凍えるという感覚についてはどうだろう。凍える感覚とは、気温が危険なほど下がってそれに対抗する措置がとられねばならないと、身体が警告を発することだ。人間では、体温が三四度を下回ると一巻の終わりである。その前に身体が震えはじめ、暖かい空間へ行こうとする。わが家のウマたちも、それに変わりがない。じめじめして風の強い冬の日になると、年長のメス、ツィピィは震えながら風雨除《よ》けシェルターに逃げ込む。彼女は仲間たちより脂肪や筋肉の量が少なく、冬毛になってはいても防寒力に劣るので、それだけではまだ足りない。そこで私たちは、ツィピィの震えが止まって落ち着きが戻るまで、馬服を着せかけてやる。ツィピィにとって、寒さが私たちと同じように不快なものであるのは、まったくもってあきらかだ。

だが、それなら昆虫ではどうだろう？　彼らの体温は外気温と連動して上下し、特定の体温を維持するためのそれ自身のメカニズムは存在しない。秋になると彼らは地中や樹皮の裏、茎のなかにもぐり込み、凍結してしまわないようにする。細胞は中身が凍ることで破裂しないよう、グリセリンのような物質を蓄えている。グリセリンは大きくとがった氷の結晶ができるのを防ぐのだ。そういうのって、どんな感覚なのだろう？　水の底でうとうとしつつ過ごすため、晩秋になると凍るように冷たい池のなかに飛び込むアマガエルやヒキガエルを見ていると、彼らが凍えるなど想像もつかない。私たちにとって冷たい水が不快に感じられるのは、水が空気よりずっと多くの体温を奪っていくからだ。だが体温が池の温度と同じならば、水に飛び込むのも悪いことではまったくない。だから池の水のなかにいても、カエルたちは凍えることなどないのだろう。

しかし、昆虫やトカゲ、あるいはヘビたちには、温度への感覚がほんとうにないのだろうか？　私にはとてもそうは思えない。そんな生きものたちだって、春になれば好んで陽のあたる場所に行く。彼らの小さな身体が温められるほど、その動きもより敏捷になる。つまり彼らは暖かさをポジティブなものと感じていて、それがときに高くつくことにもなったりする。たとえば、アシナシトカゲ。強い日射しのもとでは、道路はきわめて早く暖まる。アスファルトは熱を貯め、夜になってもそれを放ち続けるので、アシナシトカゲにとっては熱を補給する格好の場となる。ただし、車がその小さな太陽崇拝者を踏みにじらなければ、だが。残念ながら、それはしばしば起こるのである。そんな悲劇は別として、変温動物もまた温度への感覚を持っているはずなのは、あきらかだ。しかし、それが私たちの感じているものと同じかというと、疑問なのだけれど。

# 集合的知性

共同社会を形成する昆虫は、分業をおこなっている。以前から科学者たちは「超個体」という概念を提唱していて、それは個々の構成員が大きな全体の一部にすぎないようなありかたを指す。森においてそのような傾向を代表する典型的な昆虫は、ヨーロッパヤマアカアリである。彼らは巨大な蟻塚を作る。私が自分の管轄地で見つけた最大のものは、直径が五メートルもあった。そのなかにはたいてい数匹の女王アリがいて、卵を産み、群れを作り出す。女王アリたちは最大で一〇〇万匹の働きアリによって世話されている。社会階層の一番下は、翅のあるオスだ。オスは女王アリと交尾をするために巣から飛び立ち、そのあと死んでいく。働きアリは最長で六年という昆虫としては例外的に長い生を授かっているが、女王アリの寿命は最長二五年、仲間たちに影をも踏ませぬ長さなのだ。といっても別に影を踏みたいわけじゃなく、アリの群れは活動できる温度を得るために、日光を必要とする。だから彼らは明るい針葉樹林に巣を作る。

ヨーロッパヤマアカアリは、中央ヨーロッパではトウヒとマツが優先的に植林されたせいで、もともとの生存エリアを越えて広まることができた。保護のもとに置かれているのは、珍しいからというよりも「森の警察」という評判によるところが大きい。彼らはたとえばキクイムシやチョウの幼虫といったやっかいな害虫を駆除することで森林官を助けているというが、そんなことはこの赤黒の昆虫の知ったことではない。彼らはそういう害虫だけでなく、保護された、非常に珍しい種だってもちろん食べている。有用か有害かという人間によるカテゴリー分けなど、彼らは知らないのだ。だがそのことは、彼らのような共同社会を営む生きものが発する魅力を、いささかも減じない。

ヨーロッパヤマアカアリの近縁種であるミツバチも彼らと同じような生活をし、研究もとくに進んでいる。ミツバチも同様に、生まれついての厳格な分業体制をとっている。そこには女王バチがいるが、彼女たちはふつうの受精によって生まれた幼虫から育つ。ほかの赤ちゃんが花の蜜と花粉を混ぜたもので育てられるのにたいして、将来女王陛下となるべき幼虫は、特別な食べものを与えられる。ロイヤル・ゼリーである。ロイヤル・ゼリーは働きバチの下咽頭腺と大顎腺で作られ、ふつうの幼虫が二一日以内に成虫になるのにたいし、このスーパー栄養食は一六日であらたな女王を生み出してしまう。女王バチは生涯に一回だけ、旅に出る。結婚飛行である。そこでドローン、つまりオスのミツバチと出会い、交尾する。群れに戻ったあと、女王バチは残りの生涯（四年から五年）を、冬の短い休みをはさみつつ、日々卵を産み続ける。その数は二〇〇〇個にもおよぶ。いっぽう働きバチは、その一生をせっせと働いて過ごす。成虫になって最初の数日は幼虫の世話をし、一〇日ほどたつとこんどは花の蜜をハチミツに変え貯蔵する作業にもたずさわる。三週間ほどしてようやく野原や草原に出て、そのあとの三週間をハチミツ集めについやす。そして力を使い果たし、死んでいくのである。ただし、おたがいぎゅっと密集して女王を取り囲みながら次の春を待つ冬のハチは、もう少しだけ長生きをする。オスのハチの仕事は、女王に受精することだけだ。それは生涯に一度だけのことだし、しかもその機会に与《あずか》れるのはきわめてわずかなものだけなので、ほとんどの時間をなにもすることなく過ごす。

つまり、その過程の細部にいたるまで、すべてが事前にプログラムされているのである。ミツバチは巣箱のなかでダンスをすることで、花蜜の採れる場所やそこまでの距離についての情報を伝え合う。花蜜に分泌液を加えて小さな舌の上で水分を飛ばし、ハチミツに加工する。蜜ロウを分泌し、それを用いてみごとな巣を作る。ミツバチが成し遂げることを研究者たちは評価するけれど、彼らによれば昆虫の小さな脳ではそこまでの高度な達成は不可能なので、すべてはいわば超個体として達成されるのだという。その認知能力は、集合的知性と名付けられている。そのような組織のなかでは、大きな身体のなかの細胞のような形で、すべての個体がその能力を結集し発揮している。それぞれの個体は、相対的に愚かだと見なされる。一方で総体としては、さまざまなプロセスの相互作用や外界への刺激にたいする反応が、知性的だと評価される。そういった観点からすると、一匹のハチは個性ある存在とは見なされず、石材のひとつ、パズルのパーツのひとつに格下げされてしまう。養蜂家の古い業界用語に「ビーン」というのがあって、それはミツバチの群れ全体をひとつのものとして呼ぶ言いかたである。

けれど、私たち人間がそんなふうにミツバチを見ていることなど彼らにはまったくどうでもいいことだし、ミツバチを飼いはじめてから、その見かたは間違っていると私も思うようになった。彼らの小さな頭のなかでは、もっとずっと多くのことが起こっているのだから。たとえばミツバチは人を記憶することが確実にできる。彼らを怒らせる人間は、攻撃する。彼らになにもせずほおっておいてくれる人には、あきらかに近寄ってくる。別のさらに驚くべきことを発見したのが、ベルリン自由大学のランドルフ・メンツェル教授である。はじめて巣から外に出た若いミツバチは、方角を知るコンパスとして太陽を用いているというのだ。太陽を頼りにして巣の周囲の地図を身体の内部に作り上げ、それを使って飛行ルートを記憶する。[27]つまり、彼らは自分の周囲がどう見えるかについて、明確なイメージを持っているのである。私たち人間もそのような体内地図を持っているので、方向感覚という点でミツバチは私たちと似ている。だがそれだけではない。巣に戻ってきた働きバチは、仲間の前で尻振りダンスをすることで、たとえば花盛りの菜の花畑のような花蜜の多く採れる場所の収穫量、方向と距離を知らせる。メンツェル教授とその共同研究者たちは、花蜜の供給源を取り除いてみた。すると失望して巣に戻ったミツバチは、ほかの場所で花を見つけた別の働きバチから、ダンスを通じて新しい座標を手に入れた。だが研究者はそのふたつめの供給源も取り去った。それは失望したハチをさらに生み出すはずだ。だが、メンツェル教授が見たのは、まったく違った光景だったのだ。最初の場所にふたたび行ってみたミツバチのなかに、やはりそこにはなにもないことに気づいて、そこから二番目の場所へと一直線に飛んでいくものがいたのである。どうすればそういうことが可能となるのだろう？　尻振りダンスでは、巣箱から見たときの距離と方向が伝えられていただけなのに。唯一の説明は、ミツバチは二番目の場所にかんする情報を有効に用いて、最初の場所からの行きかたを見つけたということだ。(28)こうも言えるだろう。彼らは記憶し、思考し、その結果としてあらたなルートを見つけ出したのである。そこでは集合的知性などというものはかけらも役立っていない。そう、この思考を生み出したのは、彼ら自身の小さな頭なのだ。それだけではない。未来を計画し、まだ見たことのないものについて考え、それと関連させて自分のからだを意識することで、彼らはたしかに自己を認識しているのである。「ミツバチは自分が何者かわかっている」とランドルフ・メンツェル教授は言う。(29)そしてそのためには、群れという集合体など必要ないのだ。

# 下心

ミツバチが自分を知っていて、未来へむけて計画をたてているとすれば、鳥類や哺乳類はどうなのだろう？　動物を観察していていつも考えるのは、今目の前にいる個体は自分の行動を自覚しているのだろうか、ということだ。素人には——このテーマにこれだけかかわっていても、やはり私はアマチュアである——それを探り当てるのは非常に難しい。研究に頼らざるをえないのはもちろんだが、あの動物やこの動物がなにをどんなふうに考えているのか、自分で身近に体験してもみたいのだ。ちょっと傲慢に聞こえるかもしれない。相手が人間だとしたって、外から観察するだけでそんなことを確かめられやしないのだから。けれどある日の朝食の会話で子どもに気づかされたのだ、そういうたぐいの体験を、その日の早朝にほんの一瞬のあいだであれ、私はすでにしていたということを。

　そのとき私が話したのは、ウマの放牧場で毎朝のように私たちを待っているカラスのことだった。漆黒《しっこく》のその鳥は、仲間たちといつも放牧場の近くにいた。おそらくその周辺が縄張りだったのだろう。カラスは残念ながら今でも狩猟が許可されているので、頭の良い彼らは人間にたいして警戒感を持ち、ふつう一〇〇メートル以内には近づいてこない。だが放牧場のカラスたちは時とともに私たちに馴れ、三〇メートルでも平気になった――そしてそのうちの一羽が、さらに人なつっこくなったのだ。運の良い日には五メートルまで近寄らせてくれ、そんなときはいつも感激したものだった。私たちはそのカラスに話しかけ、ウマの穀物飼料からほんの少しおすそわけを放牧場の入り口にあるウマを繋ぐバーの上に置いておき、カラスはそのエサを食べる。おっと、エサなんて言ってしまった！　いやいや、それは無条件に人に馴れたということではないし、馴れるほどの好奇心をそのカラスが私たちに抱いていたということでもない。私たちがあらわれると食べものが得られることを知っている、ということなのだ。それでもそのカラスに日々会えることはうれしいし、心のバーをあまり高くせず、さりげなく付きあっていこうと思っていた。それが功を奏して、子どもたちと会話をした日の早朝、あることを目撃することができたのだ。楽しませてもらった、と最初は思っただけだったのだけど。一二月で、数週間続いた雨が牧草地をぬかるませ、歩くたびに重いゴム長靴が泥を跳ね上げた。ウマのエサやりはいつも楽しいわけじゃなく、横風で小糠雨《こぬかあめ》が顔に吹きつけるような日には、とりわけ楽しくない。まあそんなこと言ってもしかたない、ウマたちは穀物飼料の朝食が配膳されるのを待っていたし、新鮮な朝の空気を吸いながら歩くのは、ご存じのとおりいつだって良いものだ。年の若いメスのブリジが年上のツィピィの分け前を平らげてしまわないよう見張り、ブリジがツィピィのほうへ行ってお相伴に与《あずか》ろうとしたら、押しとどめる。たいてい私がそばにいれば若者はお行儀良くふるまってくれるから、ウマたちが朝ご飯を食べているあいだは、景色を眺める余裕がある。あるいは、例のカラスを。

カラスはその朝、近くの森から飛んできた。緑色とオレンジ色の上着を着て手に白い飼料バケツを持った私の姿を、すでに遠くから見つけていたのだ。しかし、いつもの見張り場所、手綱を結ぶバーの近くに立つ支柱に直接飛んでくるかわりに、まず二〇メートル先の放牧地に降り立った。くちばしになにかくわえているのに、すぐ目がとまる。よく見ると、ナラの実だ。カラスはそのおいしい食べものを隠そうとして、地面をつついて穴を開けた。そして実を押して穴のなかに落とすと、草のたばを引っ張って穴の上にかぶせた。なんて完璧な隠しかただろうと感心していると、カラスが私のほうに振り向いた。見ていたこと、気づかれたかな？　カラスはすぐに実を隠し場所から取り出すと、あらためて地面に穴を開けはじめる。一か所？　いや、いくつか開けたのだ。そして穴をひとつ開けるごとに、実をそのなかに落とすフリをしたのである。実は最後に開けた穴のなかに消え、カラスは満足そうなようす。努力の甲斐あってあいつの目を欺いた、好物が食べられるのを防いだぞ、と。そしておもむろにこちらへ飛んできてバーの上にとまると、穀物のおすそわけをいただいたのだった。

家に戻って朝食をとりながらその話をすると、それって未来のことを考えているということなんじゃない、そのよい例なんじゃないの、と子どもたちが言ったのだ。そう言われて、はじめてストンと腑に落ちた。そうか！　カラスが食べものをわたしの目から隠すようすを最初から最後まで眺めるのは楽しかったし、それ自体もすばらしく賢い行動だ。私がなにを見ていたのか、そして自分がやっていることを見られながらも、どうすれば私を欺きナラの実を隠しとおすことができるのか、考えたのにちがいない。だが、あのカラスは私の目の前で、それとはまったく別のことも考えていたのだ。カラスの胃袋に入る量にも限界があるし、実を食べてしまっては空腹が満たされてしまうだろう。もちろん食べたあと、置いてもらった穀物のところに飛んでいってもよいのだけれど、いっぱいのお腹でできることと言えば、せいぜい食べものを隠すことくらいのもの。しかし穀物を一粒一粒隠すのはとてもたいへんだ。そこでカラスは、空腹を押してまずは大きな実を安全な場所に確保しておき、そのあとバーの上に飛んでいって、ゆっくりお腹を満たしたのである。仲間といっしょに次の牧草地へと去っていったが、あとになって隠しておいた実をとりに戻ってくるのだろう。与えられた食べものをもっとも効率よく食べるための、完璧なタイム・マネージメント。そしてそれを実現するために、カラスは未来にかかわる思考を展開していたにちがいないのだ。これはよい刺激になった。これから動物を観察するときはもっと細かい点まで見よう。さらに言えば、自分がほんとうはなにを見たのか、もっと綿密に考えよう。それに皆さんだってどうだろう、こんな体験に出くわして、あとになってその真の意味に気づく、なんてことがきっとあったのではないだろうか。

# さんすうのはなし

私の本、『樹木たちの知られざる生活』では、樹木が数を数えることができると書いた。春、木々は二〇度を超えた暖かい日の数を覚えていて、それがある数を超えると芽吹く。かの大きな植物にそんなことができるなら、動物だって同じようにできるはずだと思うのも当然だろう。そうであってほしいという願望は、ずっと以前からあった。驚異の動物あらわる、という報告がたびたび世に出た。たとえば、「賢馬ハンス」。オスのウマ、ハンスは文字を綴ったり読んだり、計算したりできる——少なくとも飼い主のヴィルヘルム・フォン・オステンは、そのように主張した。彼は一九〇四年にベルリンでハンスを観覧に供する。心理学研究所の調査委員会がその能力にお墨付きを与えたが、納得できる説明は見出せなかった。だが最後にはその仕組みが解き明かされ、演《だ》し物《もの》は吹っ飛んでしまうことになる。飼い主が誰も気づかぬほどかすかに頭を動かし、それに賢いハンスは反応していたのである。フォン・オステンが視界から外れると、ハンスの能力は雲散霧消してしまったのだった(30)。

二〇世紀の終わりに、動物の多くの種に数を数える能力があると立証する、確たる事実が次々と報告された。しかしそれらはたいてい、報酬としてのエサと、その量の多寡とを関係づけるものだった。そんな力が動物にあると認めても、あまり意味がないと思う。多いのと少ないのを比べて、多いのを選ぶ――そんなのは進化の避けがたいメカニズムというだけなのではないか？ほんとうの意味で数を数えることができるのか。問いとしてはそちらのほうがずっとおもしろい。

それにたいする答えには、わが家のヤギたちをとおして近づけるかもしれない。主役は私ではなく、私の息子トビーアスである。ベルリとフロッケ、フィートという三匹のヤギの頭のなかでおそらく生じたことを、息子は探りあてた。ほかの者が休暇に行っているあいだ、わが家のささやかなノアの箱舟の世話を、彼が引き受けたのだ。通常ヤギたちは、昼に穀物飼料を与えられる。ヤギたちにとっては、それが一日のハイライト。食事の時間となって私たちが放牧場に姿を見せると、みな我先にと駆け寄ってくる。それにたいして朝と夕方、放牧場でのお隣さんであるウマだけにエサをやるときには、こちらをまったく無視している。

さて、トビーアスは、エサやりの時間を自分のスケジュールに合わせて変更してしまった。日によってバラバラにしたのだ。ヤギたちは日が落ちるころ、ウマたちは最後の回を暗くなったあとに、もらうことが多くなった。夕方早い時間、トビーアスがその日二回目の訪問で放牧場に行くと、ベルリがメエメエ鳴きながら一族を引き連れ彼のもとへ駆けつけ、穀物の食事を大声でねだる。そう、おいしいものにありつけるのは、息子がその日二回目に姿をあらわしたときで、つまり時刻とはかかわりがないのである。ということは、ヤギは数が数えられる？　穀物のエサはいつでも食べたい。だがこのときは、ヤギたちにとってはいつもと異なる時間帯にエサを要求している。ということは、トビーアスが放牧場に来たのが二回目だということ、ご飯をもらえるのはこのときだということが、わかっていた？　もし食欲だけの話なら、家族の誰かがあらわれるたびごとに、多くの家畜がするようにおねだりモードになってエサを求めるだろう。けれどうちのヤギたちがそうするのは日に三回の訪問のうち一回だけ、すなわちまん中の回だけなのだ。

ほかにも、私たちの周囲にいる生きもので、これに類するような知能の証拠を示す例はあるだろうか？　カラスの仲間が類人猿と同じリーグでプレイしていることは、いまでは誰でも知っている。だから、次はハトを見てみるのがいいだろう。ハトは街ではやっかいもの扱いされてるし、白状すれば、駅のホームに立っていて下ろしたてのジャケットにフンをぽとりと落とされるのは（ということが最近あったのだ）、あまり良いものではないと私も思う。しかし「空飛ぶドブネズミ」という広く知られたあだ名は、この鳥に似つかわしくない。彼らがこれほどしっかりと歩行者道路に棲み着くことができたのは、その知能のおかげなのだ。ルール大学ボーフム校のオヌル・ギュントゥルキュン教授が、驚くべきことを教えてくれる。彼の同僚が、抽象的な模様の描かれた絵を認識させる訓練をハトにほどこした。驚くなかれ、訓練のあとハトは七二五の異なる図を区別することができるようになったのである。「良い」絵と「悪い」絵とに分けられた図が、ペアで提示された。良いほうをくちばしでつつくとエサが与えられ、悪いほうをつつくとなにももらえず、同時に灯りを消される（ハトは暗いところが嫌いだ）。さて、良いほうの図だけを覚えておくのでも、テストには合格できる。だがチェックの結果研究者たちが突き止めたのは、ハトがそのようなごまかしをせず、実際にすべての図を記憶していたということだった(31)。

数を数えることにかんしてまったく別の例を提供してくれたのは、わが家のイヌ、マクシだ。それは彼女の時間感覚にかかわることである。マクシは毎晩ぐっすり眠り、六時半になる少し前に目を覚ます。そしてクンクンと小声で鳴きはじめ、散歩に連れて行けと私に訴えた。どうして六時半かって？　いつもその時間に目覚まし時計が鳴り、家族はみな起きて朝食を食べ、そのあと学校や仕事に行くのだ。マクシの体内時計はどうやら五分だけ進んでいたらしいけれども、しっかり機能していた。それがあれば目覚まし時計など買わなくてもよかったくらいに。しかし、週末は違った。目覚ましは鳴らされず、全員たっぷりと睡眠をとった。そう、全員だ。つまりマクシもまた、土曜と日曜は要求をアピールすることなく、ときに私たちよりずっと遅くまで寝ていたのである。イヌが数を数えられる、よい証拠ではないだろうか。いやマクシは私たちの行動に気づいていたのでは、週末は遅くまで寝ているとわかっていたのでは、と反論する人もいるだろう。しかしその可能性は除外できる。だってマクシは平日にはいつも、目覚まし時計が鳴る前、まだみんながまどろんでいるときに、私たちを起こしにきたのだから。けれど週末だと、同じ状況なのにそうしない。どうして彼女が寝かごから出ず、私たちと同じく遅くまで寝ていたのか、その理由はけっきょくわからずじまいだった。

# ただ楽しくて

動物は楽しさを感じるのだろうか？　喜びや幸福を感じるほかは、とくに意味を持たないような行動をとるのだろうか？　この問いが重要だと思うのは、動物がポジティブな感情を抱くのは種の保存に役立つ課題を果たしたとき（たとえば子孫を残すことにつながるセックスをする喜び）だけなのか、という疑問に答えることにもなるからである。もしそうだとしたら、喜びや幸福感とは、本能的に進行するプログラムに添えられて、その展開を保証し報いるための付属物だということになる。いっぽうで私たちはすてきな体験を思い出すだけで、幸せだったその時の感情を自分のなかに繰り返し呼び起こすことができる。たとえば海辺での休暇やアルプスでのウインタースポーツといったレジャーの楽しさも、そこには含まれる。それはヒトとほかの動物とを分かつ、私たちのお家芸、なのだろうか？

ここでふと思い出すのは、ソリ滑りをするカラスのことである。インターネット上のビデオサイトに、屋根の上でソリ滑りを楽しむ一羽のカラスの映像があるのだ。カラスはビンのふたをくわえて屋根のてっぺんまで持っていくとそれを斜面に置き、その上に飛び乗って屋根を滑り降りていく。下まで行ったところで、もう一回とばかりにまた屋根を登っていく(32)。意味はある？　見たところなさそうだ。楽しい要素ってなに？　私たちが木やプラスチックでできたソリにひらりとまたがって丘をしゅうっと降りていくのと、たぶん同じもの。

なんの役にも立ちそうにない行為に、なぜカラスはエネルギーを使ったのだろう。進化のハードなゲームに勝ち残るには、どんなものであれ無用な行動は慎むよう要請されるのだし、それをじゅうぶんに満たせない動物はみな、進化のレースから脱落させられてしまう。けれど私たち人間は、一見破れなそうなこのルールをとうの昔から守っていない。少なくとも経済的余裕のある国々では生きるに必要以上の余力を人々は持ち、そのあまったエネルギーを余暇のためだけに投入することもできる。冬のための食べものをたっぷりため込み、そのカロリーの一部を楽しみや遊びにつぎやすことのできる賢いカラスが、私たちと異なる理由はないだろう。カラスは余分な蓄えを、それが持つ意味の有無などとは無縁のお楽しみに変え、それによって好きなときに好きなだけ幸福感を引き出すことができるのだ。

では、イヌやネコはどうだろう？　彼らとともに暮らしている人なら誰でも、彼らがどれほど遊び好きか知っている。わが家のイヌ、メスのマクシも、私と営林署官舎のまわりで鬼ごっこをするのが大好きだった。自分のほうが私よりずっと足が速いのを彼女は知っていたので、鬼ごっこを退屈なものにしないように、いつもチャンスをくれるのだった。マクシが私の周囲をぐるぐると回る。そして途中でなんども、私のほうに向かってダッシュしてくる。つかまえた、と思った瞬間に、彼女はコースをちょっと変え、私の手をすりぬける。この遊びをしているときにマクシがどれほど楽しんでいたか、見ている者にははっきりとわかった。この思い出にずっとひたっていたいのはやまやまだが、それはここまでにして、これとは別の（ポジティブな意味で）完全に無意味な遊びであることを示すような具体例を取りあげたいと思う。というのも、おそらくマクシはそういうやりかたを使って、私たちの関係を確かなものにしようとしたのだ。あるグループ内部での遊戯的な行動はすべて社会的な接着剤の役割を持っていると見なすことができるし、それゆえ進化の目的にかなうものである。集団形成にエネルギーを注ぐことで、外部からの脅威にたいしてとくべつ抵抗力のある共同体が作られるのだから。

というわけで、ふたたびカラスに戻ることにしよう。イヌをからかうカラスについては、多くの例が報告されている。うしろからそっと忍びより、イヌの尻尾をつねる。振り返るイヌの動きはカラスにとってはのろすぎて、あっさり逃げてはまた最初からいたずらを仕掛ける。社会的な接着剤の役目など、ここではまったく生まれないし、なんらかの技術を身につけるべくトレーニングしているわけでもない。振り向くイヌから逃げきることなど、カラスにとって不可欠なスキルには入らない。そうではなくて、この遊びにはなにかまったく別の意味があるように思えるのだ。カラスはあきらかにイヌの身になって考えている。自分はなんてのろまなんだといらだつイヌの気持ちを推しはかっている。だからこそ、返ってくる反応をあらかじめ予測し期待しつつなんどもイヌを挑発することが、それほど楽しいものとなるのである。インターネット上のビデオ映像をいくつか見てみると、それは例外的な現象ではないのだろう、と思うのだ。

# 情欲

動物にとってセックスは機械的・無意識的な行為ではない。「交尾」というテーマで書かれた科学論文を読むと、それが感情を欠いた手続きであるかのように思えてくる。ホルモンが本能的な反応を誘発する役割をにない、動物はそれから逃れることができない。人間はそうではないって？　それで思い出すのは、数年前に森で出会ったカップルのことである。そもそも、エンジンフードのむこうにふたつの真っ赤な顔を見かけて、茂みの陰に車を停めたのは誰なのかチェックしようと思っただけだったのだ。その男性と女性には見覚えがあった。となり村の住人で、おのおの別の相手と結婚していた（そして今でもしている）。ふたりは急いで服を整えると、黙ったまま車に乗り込んで、去って行った。自分の結婚生活を危機に陥らせたくはないので、誰も来ないだろうと思い込んでいたその場所へ、セックスをしにやってきたのにちがいない。あとで悲惨な結末が訪れるリスクはもちろん残っていたわけだけれども、ふたりは欲望に負けてしまった。

これは、私たちもまた本能にあやつられていることを示す、とてもよい例だと思う。

このような行動を誘発するのがホルモンのカクテルで、最大の喜びと幸福感を呼び起こす。それはなんのために必要なのだろう？　生きものが交尾をせねばならないとしたら、呼吸と同じように無意識的になされるのでもよいはずだ。私たちの体は、息を吸うだけのために特別な麻薬様物質を分泌していないではないか。そう、交尾とは特別なものであって、それはつまり、どんな種類の動物でもその際には無力な状態に置かれる、ということなのである。動物におけるサドマゾヒストたるカタツムリは、相手を刺激するために、激しく抱擁しながらカルシウムでできたくぎ状のものをおたがいの体に刺しあう。クジャクやヨーロッパオオライチョウは、メスの上に乗るために、まず尾羽を立てて丸く広げてメスの気を引く。昆虫のペアはおんぶの状態でしっかりとくっつき合う。ヒキガエルのオスは恋に夢中になって水底にメスをぎゅっと固定する。ときには数匹のオスがその上に重なって身動きがとれなくなり、その重みでメスは長い時間水中に押しつけられ、死んでしまう。

多くの面でシカと似た行動をとるヤギだが、毎年夏の終わりに、ちょっとややこしい手続きを踏むのが観察できる。わが家のオスヤギ、フィートはそこで、なんだか臭いものになってしまう。メスに好かれたいがために、顔と前足にとくべつな香りの香水をふりかけるのだ。それは、自分のおしっこ。皮膚だけではなく、口のなかにもひっかける。私たちには吐き気を誘うようなものに、メスのヤギは逃れがたくグッときてしまうらしい。その匂いを吸い込もうと、メスヤギは顔をオスの皮膚にすりつける。そうすることでその場にいる全員にホルモンの産出が促進され、血がたぎる。オスは鼻を使って、自分を受け入れる準備ができたメスがいるかどうか、なんどもチェックする。さらにオスはメスを放牧地じゅう追いかけ回し、舌をべろりと出しながらメエメエと鳴くのだが、実際それは奇妙な光景なのだ。彼のハートのクイーンが立ち止まり、オシッコをしようとしゃがむと、オスは自分の鼻を噴出するしぶきのなかに突っ込んで、ホルモンの状態がこの先の幸せを約束しているかどうか、上唇を高く上げて激しく息をしながら確かめる。そうやって何日も何日も確かめ合ったあとで、ようやくメスヤギはフィートに数秒間の幸福を授けるのである。

だが、そもそもなんのためにホルモンによる感情的報酬が必要なのか、という問いに戻ろう。その背景にあるのは、交尾行動から発する危険である。オスが自分に注意を向けさせようとする行為を含む前戯行動が引き寄せるのは、メスだけではない。獲物を狙う猛獣にとっても、カラフルな色や大きな声はそこにおいしい食べものがあるというヒントになって、ありがたいのだ。そして実際、森の劇場にいるさまざまな種のオスたちが多数、鳥やキツネのお腹におさまってしまうのである。交尾それ自体はさらに危険だ。二匹のつがいは数秒間、ときには数十分間もしっかりとくっつき合い、攻撃を前にして逃げることができなくなる。

動物たちが交尾と子孫誕生との関係に気づいているのかどうかは、わからない。ではほかにこのようなリスクを背負う理由はあるだろうか。あるとしたらそれは、あらゆるためらいをかなぐり捨てて喜びに没頭するよう導くような、オルガスムスの強力で中毒性のある感覚だけだろう。動物が性行為において強烈な感覚を覚えているのは疑いえない、と私は思う。それについてはさらに強い証拠がある。以前からいくつかの種で、自慰行為が観察されているのだ。シカ、ウマ、ヤマネコ、ヒグマなど、どの種も手というか前足を使ったり、木の幹などの自然のものを補助具として使ったりするのが確認されている。だがそれについての報告例や、ましてや研究などは、残念ながらあまり多くない。それはもしかしたら、私たち人間のなかではマスターベーションがタブーのテーマだからではないか?

# 死がふたりを分かつまで

動物のつがいにも、結婚という言葉を使ってよいだろうか？　ドゥーデン辞典〔ドイツ語でもっとも広く使われているドイツ語辞書〕によれば、結婚とは男女による法的に承認された生活共同体である。あるいはウィキペディアは「……ふたりの人間の結びつきの、少なくとも法的に規定され固められた形式」と説明している。法的な承認は動物にはないが、とくに堅固に結びついた生活共同体なら、ちゃんと存在している。そのもっとも心を動かされる例が、ワタリガラスだ。ワタリガラスは鳴禽類《めいきん》（スズメ亜目）のなかで最大の鳥であり、二〇世紀のなかばには、中央ヨーロッパでほぼ絶滅しかかった。放牧地で飼われている、大きいものでは牛にいたる家畜を襲って殺す、という濡れ衣を着せられていたのである。今日では、それはおとぎ話の世界のことだとわかっている。カラスは北に棲むハゲタカ的な鳥であり、死んだ、あるいはせいぜい死にかかっている動物を探すだけなのだ。冷酷な迫害がはじまり、その際には銃だけでなく毒薬も投入された。

そのような、望ましからざる動物種の撲滅運動は、さまざまな形で成果を上げていった。狂犬病を媒介するという理由で、二〇世紀にはキツネを排除しようとした。姿をあらわせば有無を言わさず撃たれ（これは今でも続いている）、巣穴は掘り返され、なかにいる子ギツネは撃ち殺された。毒薬は使い勝手がよく、地中に暮らす動物に導入された。それでもなお、キツネは生きのびた。彼らは適応力があり、子だくさんでもあったから。とくに、つがう相手を変える習性が重要だった。それにたいしてワタリガラスは誠実な心の持ち主で、一羽のパートナーのもとに一生涯とどまる。そのかぎりでは、動物における真の婚姻だと言っても不当ではないだろう。根絶キャンペーンのさなかでは、この事実がワタリガラスにとって命取りとなった。ペアのどちらかが撃ち殺されるか毒殺されると、残りの一羽はあらたな相手を探しはせず、その後は孤独に空を旋回するばかりになる。独身者が多くなれば、子孫の数もおのずと減る。それが種の絶滅を加速した。

今日ワタリガラスは厳格な保護のもとに置かれ、その生息地はふたたび先祖伝来の生活圏全体に広がっている。今でも思い出すのは、かつて子どもたちと旅行で訪れたスウェーデンでのことだ。カヌーを漕いでひとけのない湖を進んでいるとしばしばカラスの鳴き声が聞こえてきて、私はそれに魅了された。ほんの数年前、わがヒュンメルの管轄地ではじめてワタリガラスの声を聞いたときには、ほんとうに興奮したものだ。私にとってそれ以来この鳥は、自然は私たちの犯した罪からふたたび回復しうるものであること、自然破壊はけっして一方通行ではないはずだという事実を体現するシンボルとなった。

一夫一婦制をとる動物はそれほど珍しくない。とくに鳥では、ワタリガラスほど厳格でなくとも、それと似ている種がいくつかある。少なくともそのつどの繁殖期のあいだは相手を変えない、たとえばコウノトリのような鳥もいる。だがコウノトリは、シーズンをまたぐと貞節を守るのは巣にたいしてだけとなり、二羽ともが次の春に同じ古い巣を目指して飛んできてそこで再会を果たしたときにだけ、かつてのパートナーといっしょになる。しかしそうストレートにいかないときもある、とハイデルベルク大学のある職員が報告している。春、一羽のコウノトリがあらたな相手と巣作りをした。前の相手はどうやら渡りのとちゅうで行方不明になってしまったようだ。だが、仲睦まじい作業のさなかに、かつての相手が遅れて姿をあらわした。ここでオスの苦労がはじまったのだった。双方のメスに誠実であろうとしてオスはふたつ目の巣を作ったが、ふたつの家族を養うのに追われて息も絶え絶えになった[33]。

しかし、どうしてすべての鳥が貞節ではないのだろう？　そして実際のところ、貞節とはここではどういう意味なのだろうか。シジュウカラ、あるいはほかの種が一生のあいだつがいを保たないからといって、それは不貞というにはほど遠い。ひとシーズンかぎりの関係である理由は、その平均年齢にある。ワタリガラスは、自然の（つまり危険の）なかでもその寿命が二〇歳にまでなるが、ほかの、たいていは小さな種では五年にも満たずにその死を迎える。生涯にわたってつがいを作り、かつパートナーの一方の欠ける可能性が非常に高い場合、その地域を飛んでいるのはじきに独身者ばかりになってしまうだろう。それでは種の維持にとってとても都合が悪いので、「誰が誰と」ゲームのサイコロが、春になるたびにあらたに振られるのである。誰が冬や渡りを生きのびたのか、春になればわかる。戻ってこなかった去年の相手への悲しみの気持ちなど、たぶんシジュウカラやコマドリにはないのである。

では哺乳動物ではどうだろう？　ワタリガラスのような婚姻は、ほんの少数の例外に見られるだけだ。たとえば、ビーバー。彼らは生涯にわたるパートナーを探し求め、その相手と最大二〇年ほどにわたっていっしょに過ごす。子どもたちもすぐに巣離れせず、両親と水辺近くの快適な土製の住まいで暮らす。それ以外の種は、少なくとも異性にかんしては、いわば対人関係不全の状態である。アカシカでは、より強いものの権利だけが尊重される。力の強いオスがライバルを追い払うと、さらに強いオスによって追い出されるまで、メスたちからなるハーレムと楽しい時を過ごす。メスたちにとっては、そんなのはどうでもいいことらしい。最強のオスの注意がそれた機会をとらえた若造に、交尾させてやることもあるのだ。どのみち子ジカを育てるのは純粋にメスの役割であって、そのあいだお父さんたちはオスのグループに混じって森をうろついているのである。

# 命名

私たちには当たりまえなことだけれど、コミュニケーションをとるとき、私たちはおたがいを名前で呼び合える。大きな社会のなかで誰かとつながなく接触を持つためには個人の名前が必要であり、その名前を口にすることで、人は相手の注意を自分に向けることができる。Ｅメールでもメッセンジャーアプリでも電話でも、あるいは面と向かっての会話でも、名前という直接的な呼びかけの形式がなければうまく立ちゆかない。名前って大切だなとあらためて気づくのは、前に会ったことのある人と再会して、その相手の名前を忘れてしまったときだ。命名というのは人間に特徴的な習慣なのか、それとも人間以外の動物界にもあることなのか？　社会生活を営む種なら結局どれも、同じ問題を抱えているはずだ。

哺乳類の母と子のあいだには、シンプルな形としての名付けがある。母親は特徴ある声を発し、それによって子どもは母親を認識し、自分のほうも特有の高い声で応える。だが、それは名前といってよいのか、それとも声の認識の問題にすぎないのだろうか？　後者を支持する議論としては、母子関係に特有のこのような「名前」は時とともに消えてしまうことが挙げられる。子どもが成長して離乳すると、母親はその声に反応しなくなるのである。誰もそれに反応してくれない自分の名前など、なんの意味があるというのだろう。一時的にしか意味を持たない呼びかけなど、名前と言えるのだろうか？

そういう呼び声のことは却下するとしても、動物界には真の固有名と言えるものが存在することを、科学者たちは見出した。それがここでもまたワタリガラスだったのは、偶然ではない。彼らの親密な関係こそ、そのような問いに答えるための理想的なバックグラウンドとなる。というのも、ワタリガラスは親子間だけでなく友人とのあいだでも生涯にわたる関係を育むからだ。遠く離れた相手と意思を通じあわせよう、とりわけ相手が誰なのか確かめようと思えば、名前を呼ぶのが手としては最善である。ワタリガラスは八〇以上の異なる鳴き声を使い分ける。つまり、カラス言葉だ。そのなかには、ここに自分がいると仲間に伝える個人識別用の鳴き声がある。それはもうほんとうの名前と言っていいのだろうか？　人間が用いているような意味での名前だと言えるのは、ほかのカラスが相手にたいしてその個人識別用の鳴き声を使って「呼びかける」ときだけであり、そしてワタリガラスはまさにそうするのである。(34)　彼らは仲間の名前を、たとえ接触が絶えたとしても、数年以上にわたって記憶している。知り合いが上空にあらわれて遠くから自分の名前を呼んだとき、答えかたにはふたつの可能性がある。戻ってきたカラスがかつての友人なら、高く親しげな声で応える。それが嫌われものなら、あいさつは低くぞんざいなものとなる。同様の傾向は、私たち人間においても観察される。[35]

動物がおたがいに名前をつけあうという例は、なかなか見出すのが難しい。それよりずっと簡単なのは、私たちが動物をある決まった名前で呼び、それに当の動物が反応するかどうか見ることだ。けれどペットを一匹だけ飼っている場合には、また別の難しさがある。たとえばわが家のイヌ、マクシが自分の名前を聞いたとして、それを「ハロー！」とか「こっちへおいで」という意味で理解してはいないと、どうしたらわかるだろう？　イヌが数匹いるのなら、その判定は容易なのかもしれないが。だがここでは再度、あの賢いブタたちに戻ってみたい。ブタはまさにこの点にかんして、研究者によって詳しく調べられているのである。きっかけは、現代の畜舎に広まっていた「押し合いへし合い」だった。かつてエサは長い溝に流し込まれ、ブタたちはみないっせいに食べることができた。今日ではすべてが完全自動化され、コンピューター制御で一頭一頭のエサやりがコントロールされる。だがそのような設備はとても高価なためにじゅうぶんな数の機器をそろえきれず、畜舎にいるブタのすべてが同時に食べることができなくなった。列を作って順番待ちをさせられるのだけれど、お腹が鳴ればブタだって私たちと同じように不機嫌になる。列のなかで押したり突いたり、ときにはおたがいを傷つけあったりするようになった。そこで、前と同じようにお行儀よく食事ができるよう、フリードリヒ・レフラー研究所〔連邦動物衛生研究所〕の「ブタ」作業グループの研究者たちが、ニーダーザクセン州メクレンホルストにあ

115

る実験農場でブタたちにマナーを教え込もうと試みたのである。八頭から一〇頭の一歳仔からなる小さな「学級」で、ブタたちは自分の名前を習わされた。若者たちがもっともよく記憶できるのは、三音節の女性名だった。一週間のトレーニングのあと、ブタたちは大きな集団にまとめられて畜舎に戻された。さて、エサやりの時間はどうなったかといえば、とてもわくわくさせるものだったのだ。順番が来ると一頭ずつ名前を呼ばれる。結果は――うまくいったのである！　たとえばスピーカーから「ブルーンヒルデ」と流れると、呼ばれたブタが立ち上がってエサの入った容器へと突進する。一方ほかのブタたちはみな、自分がいまやっている作業――うつらうつらしたりなど――に専念している。心拍数を測ると、名を呼ばれたものだけが上昇し、残りのブタたちは高くならなかった。この新システムの目標達成率は少なくとも九〇パーセントで、畜舎に秩序と落ち着きをもたらす手法のひとつとされた。(36)

では、このみごとな発見からさらなる意味をくみ取ることができるだろうか？　ある特定の名前が自分自身と結びついていると知っている、その前提には自意識の存在がある。そして自意識は意識よりもひとつ上位のものだ。後者が思考のプロセスを意味するだけであるのにたいし、自意識とは自分というもの、つまり自我の認識にかかわるものだからである。動物がそのような能力を持っているかどうか科学的に調べるために考案されたのが、ミラーテストだ。鏡像が同種の仲間ではなく自分自身の姿を映すものだと認識できれば、自分自身についての思考を持っているはずだと見なすというもので、この手法を考えたのは心理学者ゴードン・ギャラップである。彼は麻酔をかけ動けなくしたチンパンジーの額に染料で印をつけ、続いてその前に鏡を置き、チンパンジーが目を覚ましたときになにが起こるかを観察した。するとチンパンジーは、鏡に映る自分そっくりな姿を寝ぼけ眼で見るやいなや、おでこの染みを取り去ろうとしはじめた。あきらかに、光るガラスのなかにいるのは自分自身だとすぐに理解したのである。それ以降、このテストをパスした動物は自意識を持つと見なされるようになった。ちなみに人間の子どもがこのテストに合格するのは、生まれてからおよそ一八か月目以降である。これまで類人猿やイルカ、ゾウがミラーテストをパスし、研究者の耳目を集めた。

カラスの仲間、たとえばカササギやワタリガラスも自分の鏡像を認識することがわかったときには、みな驚いた。彼らはその知性ゆえに「空飛ぶサル」とも呼ばれるようになった。[37] それ以降あらたな発見はしばらくなされなかったが、とつぜんブタが論文のなかに登場する。ブタだって? そう、彼らも例のテストにパスしたのである。「大規模畜産のサル」的な呼称がいまだ定着していないのは残念だ。もしそんな認識が広まっていれば、今もまだおこなわれているような心ないやりかたでブタたちを扱うことなど、どうしてできようか。知的な動物に痛みの感覚のあることがまだ認められていないのは、生後数日の子ブタに麻酔なしで去勢手術することが二〇一九年までは許されているという事実が証明している。そのほうが手早く安く済むからなのだが。

鏡の話に戻ろう。鏡が自分自身の体を見るため以外にも使えることを、ブタは知っている。まずケンブリッジ大学のドナルド・M・ブルームとそのチームは次のような実験をおこなった。まずエサを遮蔽板《しゃへいばん》のうしろに隠す。次に鏡に映るエサの像だけが見える位置にブタたちを連れていく。すると、おいしいものにありつくためには振り向いて遮蔽板のうしろに行かねばならないことを、八頭のうち七頭が数秒のうちに理解したのである。それが可能となるためには、鏡のなかの自己像を認識するだけでなく、周囲の環境とそのなかでの自分の位置との関係を空間的に把握していなければならない(38)。

そうは言っても、ミラーテストを過大評価すべきではない。とくにテストにパスしなかった動物にかんしては。たとえばイヌが作法どおりに印をつけられ、鏡に映る自分の似姿を見て、しかるになんの反応もなかったとして、さしあたりそれはなにも意味しない。顔についた染みをそもそもイヌが気にするかどうかなんて、どうしたらわかるだろう？　そしてもし気にするのだとしても、鏡というものをどう扱ったらいいのかわからないのかもしれない。きれいな絵が見えるなとか、あるいはせいぜい私たちがテレビを見るように映像を眺めているだけかもしれないのだ。

命名の問題に戻らなくては。ここでふたたび、カナダに棲むリスに登場してもらおう。養子の問題を調べるなかで、かの樹上の妖精たちが親類の赤ちゃんだけを受け入れるということが確かめられたのだった。けれど、誰が自分の姪や甥、孫なのか、どうやってわかるのだろう？　マギル大学の研究者たちは、大人のリスの声が重要な役割を果たしているのではないかと予想している。単独行動をするリスの個体はそれぞれ特徴的な鳴き声を持ち、それによっておたがいを認識している。縄張りは重ならないのでおたがいの姿を見ることはまれであり、音声だけが頼りとなる。そしてさらに驚くことに、親類の声が聞こえなくなると探しに行くものがいるのだ。そのためには自分の縄張りから出てよその領域へと入り込まねばならない。心配してのこと？　それは推測するしかないわけだが、捜索中に親を亡くした子どもを見つけると、彼らはそのよるべない子どもの世話を引き受けるのである。(39)

ほかの多くの分野と同じく、このテーマにおいても科学はまだその入り口に立ったばかりである。名を呼ぶことはコミュニケーションの上級篇であり、すでに見たように、多くの種類の動物がそれを使いこなしている。ものを言わないと考えられている魚類でさえ、このコースに参加しているのだ。ただ、これまでわかっているのは、パートナーを見つけたり縄張りを守ったりするために音声を用いている、ということだけである。

# 悲しみ

シカは群居する動物である。彼らは大きな群れを作り、集団のなかにいるのをとりわけ快適に感じる。そこでは性が異なると行動も異なる。オスは二歳になると落ち着きがなくなり、離れた場所に移動する。そこで彼らは他のオスたちと合流するが、そのまとまりは緩いものにとどまる。年を取るにつれて他者を寄せ付けなくなり孤立を好むようになるが、ときに若いシカを一頭、近くにはべらせることがある。その若者を猟師たちは「副官」と呼んでいる。

メスのシカは、その点で本質的にずっと安定している。群れの結束は固く、とくに経験豊富な、妊娠出産を経た個体によって率いられる。先代から後続世代へと受け継がれていく伝統もある。たとえば数十年のあいだ使われてきた、長距離移動のためのいわゆるけもの道もそのひとつで、そこを通って緑の生い茂る草地や冬の避難地へ行くことができる。危機の際には、不安に駆られたシカたちはリーダーの指示に従って行動する。リーダーは同じような状況や想定しうる敵を記憶しているので、なにをすべきかもっとも早く判断できるのだ。危険は肉食獣だけではない。たとえば、追い立て猟がはじまるとシカの群れがその猟区から立ち去っていくのを、私はなんども目にしている。これからはじまる狩りのため集合場所に集《つど》う猟師たちの心をなごませようと、伝統的な狩猟用ホルンが吹き鳴らされる。このホルンの合図が、リーダーのメスには行動開始のシグナルとなる。このことが同時に証明しているのは、シカが前年の狩猟シーズンから一年たったあとでも、一連のメロディーを覚えているということだ。

群れのリーダーは、年齢や経験のほかにもうひとつ、自分がその地位にふさわしいと証し立てるものを持っていなければならない。それは、子どもである。子どもがいることは、その個体が自分だけでなく他者の責任も引き受けられると見なされるのに、不可欠の要素なのだ。野生動物の研究者の多くが、群れのほかのシカたちがリーダーに従うのは偶然の産物だとする。年かさのメスには子どもがくっついている。親子のシカ二匹が同じ方向に走り出す。すると集団のなかにいることに快を覚えるシカたちは、みななんとなくそれに付き従う、というのである。けれど私が思うに、リーダーが特別な経験を備えたうえで先頭に立っていることを、群れのメンバーたちは承知しているのだ。最初に判断を下すのがリーダーで、ほかの誰よりもそのリーダーを戴くからこそ、うまくいっていると。研究者はこう反論する。年かさのメスはとりわけ用心深いので、逃げることが必要な場合はいちばんに反応するのだ、安全を確保するためにそれに従おうと他のものが心を決めても不思議ではない、それは消極的なリーダーシップであって、ほんとうの監督指揮とは言えない、と。(40) 私はそうは思わない。たしかに群れのなかで覇権争いがあるわけではなく、序列は静かに、私たちには見えない形で決まる。だがそこにかかわるのがある種の偶然原則だけなのだとしたら、あるときはこの個体、あるときはあちらの個体に従う、ということがあってもよいはずだ。それどころか、若くて未熟なだけでなく神経質で真っ先に逃げ出すような、とりわけ臆病な個体に従うことだってありうるだろう。真のリーダーシップとして際立つべきはそんなものではまったくない。それは、不必要にうろたえることがない、ということなのだ。パニックモードに頻繁に陥るものは、食事にさく時間が少なくなり、それゆえ生存を確保するためのエネルギーも足りなくなってしまう。

そう、年齢を重ねるにつれて身につき、服従への無言の合意を生じさせるもの、それは経験なのである。だがリーダーには、恐ろしいことが起こる場合もある。子どもの死だ。その原因は、以前は病気や空腹を満たそうとするオオカミがほとんどだったが、現在では猟師のライフルから放たれた一撃であることが多くなった。子どもを失った母ジカがそのあとたどる経過は、私たち人間の場合と同じである。まずひどく混乱し、次に悲しみが襲ってくる。悲しみ？ シカもそういう気持ちを感じられるの？ いや、感じることができる、というだけではない。むしろ、感じていなければならないのだ。悲しみは、別れの受容を助けてくれる。母ジカとその子どもとの結びつきは非常に強いので、ほうっておけばその絆はなかなか断ち切ることができない。自分の子どもが死んだこと、その小さな死体から自分を引き離さねばならないことを、母ジカは時間をかけて理解してゆく必要がある。母ジカは事件が起こった場所に繰り返し戻り、子どもを呼ぶ。たとえ猟師がわが子を運び去ったあとだとしても。

しかし、悲しみにくれるリーダーは一族を危険にさらす。全員が死んだ子どものもとに、つまり危険の近くにとどまることになるからである。ほんとうならリーダーは群れを安全な場所へと導く必要があるのだが、子どもとのいまだ断ち切れぬ関係が、それを妨げる。そのような状況ではトップの交代がなされねばならないことに、疑問の余地はない。そしてそれは、地位をめぐる争いなくして起こる。ただちに別の、同様に経験豊富なメスがあらわれ、集団の統率を受け継ぐことになる。

その逆のことが起こったとき、つまりリーダーが死んでその子どもがあとに残されると、その子はなんとも無慈悲な扱いを受けることになる。養子縁組的なものはありえない。まったく逆である。親を失った子ジカは群れから追い出されてしまうのだ。それはおそらく、それまでの王統をすみやかに絶やすためだろう。群れを外れてひとりでは、子ジカに次の冬を生きのびるチャンスはほぼ残されていない。

# 恥じらいと後悔

ウマを飼うつもりなどぜんぜんなかったのだ。私にはちょっと大きすぎるし危なすぎるし、乗馬にだって興味はなかった。少なくとも、二頭のウマを買ったあの日までは。妻のミリアムはウマとの暮らしをずっと夢見ており、私たちの住む営林署官舎の近くには借りられる放牧場がたっぷりあった。数キロ先に住むウマの飼い主が自分のウマを売りたがっていると聞いて、これはついにその時がやってきたと思われた。クォーターホース種のツィピィは六歳になったばかりのメスで、調教済み。そのともだちで四歳のアパルーサ種のメス、ブリジは背中に病気があると診断され、人を乗せられないという。二頭というのがなによりよかった。群棲動物のウマは一頭で飼うべきではないのだから。そして二頭のうち人を乗せられるのは一頭だけというのも、私にとっては問題なし。それなら乗馬で馬脚をあらわさずにすませられる。

だが、話は違った方向に進むことになった。わが家が世話になっている獣医に二頭を診てもらったところ、ブリジに悪いところはないという結論になったのだ。そうとなれば、彼女にも人を乗せる訓練を施さない理由はない。そういうわけで私は、乗馬の先生の指導のもと、ブリジとともに乗馬を習いはじめたのである。乗馬は日々の世話以上にウマと私との関係を緊密なものにしてくれたから、私が抱いていた不安はすっかり吹き飛んでしまった。危険とか大きすぎどころか、ウマという動物がいかに繊細で、どんなささいな指示にもどれほどしっかり反応するか、学ぶことになった。妻や私が心ここにあらずだったりイライラしていたりすると、ウマたちは命令を聞かなかったり、エサやりのときに傍若無人に割り込んできたりする。乗馬のときのふるまいも、まったく同じである。私たちの体の緊張状態を感じて、指示（たとえば進みたい方向への少しの体重移動など）をまともに聞くべきかどうか判断しているようなのだ。逆に私たちのほうも、しだいにツィピィやブリジの出すサインを正確に読みとることができるようになったのだった。

このウマたちが公平さにかんしてきわだった感覚の持ち主であることを、さまざまなシチュエーションで知ることになった。それがなにより露わとなり容易に実感できるのは、エサやりのときである。ツィピィが二三歳になり、牧草をうまく消化することができなくなった。このまま放置していたらしだいに痩せ衰えていくだろうからと、昼ご飯として穀類から作られた濃厚飼料を食べている。それを横から見ているだけの三歳若いブリジは、ツンとした感じになる。足を踏みならし、耳をうしろに伏せる（用心しつつ威嚇するときのしぐさ）。つまり、腹を立てるのだ。それで私たちはブリジにひと握りの濃厚飼料を、長い線を描くように草の上に蒔いてやる。彼女がそのひと握りを草のなかからほじくりだすのと、年長の同僚が飼料桶からたくさん食べるのとは、同じくらいの時間がかかる。これで、ブリジにとって世界の秩序はふたたび正常に戻るのである。

同様のことは、トレーニング中にも見られる。狭い馬場で運動するウマたちはあきらかに楽しそうだが、運動すること自体がうれしいのではないようなのだ。彼女たちは広い放牧場を一年中走り回っているのだから、運動はじゅうぶん足りている。楽しくうれしいのは、さまざまな動きを訓練する自分を私たちに見てもらうこと、うまくできたときに褒められ撫でてもらえること、なのである。

ウマといっしょに過ごすことで得られる感動は、まだまだある。ウマは羞恥心を感じることができるのだ。それも、私たちと似たようなシチュエーションで。ランクが下位のブリジは、二〇歳になるというのに、くだらぬことばかり考えている若造のようなふるまいをすることがある。こちらへ来いと指示してもすぐには来ないで放牧場をもう一周ギャロップしてきたり、「よし！」と合図がないのにエサを食べようとしたり。それで、ふたたび行儀がよくなるまで、たとえばエサを前にして少し待たせたりして罰を与えて、叱ることになる。ふつうは叱責を従容《しょうよう》と受け入れるブリジだけれど、年上のツィピィが見ているときは、バツが悪そうに顔をそむけ、とつぜんあくびをしはじめる。きまり悪いようすなのが、見ていてはっきりわかる。あるいは、こう言ってもいいだろう。ブリジは恥ずかしがっているのだ！

私たち人間が同じ状況になった場合のことを考えてみて気づくのは、恥ずかしさというのはたいてい第三者の存在が前提となっていることだ。その人がいることで、事態ははじめて気まずいものとなる。ウマの場合もそれと変わるところはない。思うに、羞恥という感情は社会性を持つ動物の多くに見られるのではないだろうか。その背景となるものは残念ながら動物ではまだ研究されていないのだが、人間の場合ならわかっているし、羞恥心がなぜ存在するのかについてイメージを与えてくれもする。ある人物が社会的規範に抵触する行動をし、顔を赤らめ下を向くということは、つまり屈服のシグナルなのだ。集団のほかのメンバーはそこに苦悩を見てふつうは同情心を覚え、過ちを犯した人間に許しを与えることになる。けっきょくのところ羞恥とはある種の自己処罰の、そして許しのメカニズムなのである。動物にもそういうものがあるというと、たいていは否定される。羞恥心を感じるためには、自分の行動やそれが他者に与える影響を考えることができなければならないからだ[41]。このテーマにかんする最新の研究には残念ながら詳しくないが、羞恥と近い関係にある感情にかんしてなら、それに相当するものが存在する。後悔である。

間違った決定を下してしまったと、私たちひとりひとりが人生で何度後悔するのだろう？　後悔とは通常、同じ過ちをふたたび繰り返してしまうことから守る感情である。それは非常に有効な感情だ。無駄なエネルギーを節約し、危険な、あるいは無意味な行動をなんども繰り返さぬようにしてくれるから。そしてそれほど有効なものならば、そのような感情を動物の世界にも探してみようと思うのは、自然なことだろう。ミネアポリスにあるミネソタ大学の研究者たちは、ラットを観察してみた。彼らはラットのために特別な「レストラン街」を作った。円形の広場に四つの入り口があり、それぞれの先にエサ場がある。どれかひとつにラットが入ると音が鳴るのだが、音が高ければ高いほど、食べものが得られるまで待つ時間が長い。さて、そこでラットに起こったことは、人間の場合と同じだったのだ。辛抱の糸が切れたラットは、となりの入り口ならもっと早く食べものにありつけるかもと希望を抱いて、別の部屋に移る。しかしそこで鳴った音がさっきより高ければ、待ち時間もさっきより長いとわかる。するとそのラットは先ほどいた部屋のほうに名残惜しそうな視線を向け、こんどは部屋を移らずに、食べものをもっと長く待とうとしたのである。同様の反応は、私たちにもある。たとえば、スーパーマーケットのレジで並んでいた列を変え、それが間違った選択だったと気づいたときなど。さらにラットの脳の活動パターンを調べてみると、私たちがその状況を頭のなかでもう一度再現したときと同じものが確認された。後悔と失望とは本質的に異なる。後者は期待していたものが得られなかったときに生じるが、後悔はそれにくわえて、さらによい選択肢がありうると気づいたときに発動するのである。まさにそれがラットであきらかに起こっていると、ミネソタ大のアダム・P・スタイナーとデイビッド・レディッシュは結論づけたのだ[42]。

ラットがこの種の感情を露わにしたのだったら、イヌにそういう感情の動きがあるかどうか詳しく探ってみようと思うのは、もっとずっと自然なことではないだろうか？　イヌが間違った行動を後悔し、残念な気持ちになることは、イヌの飼い主だったらほぼ全員の認めるところだろう。

叱られたときに見せるあの特徴的な、同情を誘う「イヌ顔」のことである。わが家にいたミュンスターレンダー犬マクシも、なにか間違ったことをしてしまって私に怒られているときは事態をちゃんとわかっていた。そのとき彼女はバツが悪そうにしながら、ああなんて気まずいんだろう、許してください、とでもいうふうに、斜めの上目遣いに私を見上げるのだった。まさにこの行動が、研究者によって実験台に載せられた。テキサスA&M大学のボニー・ビーヴァーの結論はこうだ。イヌの見せるあの典型的な視線は後天的に身につけるものであり、叱られている場面で飼い主が期待するものをイヌは学んでいる。つまり、イヌは自分の抱く心のやましさにではなく、叱られていることに反応しているのだ、と。ニューヨークにあるバーナード・カレッジのアレクサンドラ・ホロウィッツも同じ結果を得ている。ホロウィッツは一四人の飼い主に依頼し、ごちそうの入った皿を置いた部屋に、皿には手をつけないように、と厳しく言い聞かせたうえで、自分の飼いイヌを残してきてもらった。その結果は――何匹かは言いつけを守ったのにもかかわらず、叱られるやいなや、ほぼすべてのイヌがあの「イヌ目遣い」をしたのである(43)。しかしそれでもなお、イヌがたんに申し訳なさを装っているだけだとは、必ずしも言い切れない。叱責が行為の直後になされればイヌはその反応と自分の行動とを結びつけるし、その視線はほんとうに、私たちが彼らにもあると思っている後悔の念をあらわしているのかもしれない。

もう一度、公平を求める感覚に戻ろう。それは動物界でウマだけにあるわけではない。社会性を持つ集団のなかで生きていれば、おのずと公平さが求められる。ドゥーデン辞典では、「公平」とは社会の各構成員が等しくその権利を認められるべきであること、と定義されている。それが欠ければただちに怒りが生じ、怒りが持続的に引き起こされれば、暴力の原因となる。人間の共同体ではすべての者の機会を法が守る、とされている。だが日常における相互のやりとりでは、たとえば間違った行為には羞恥が、正しい行動には幸福感が生じるという形で、法よりも感情のほうがずっと強力に作用する。そうだとすれば、家のなか、自分の家族のあいだでだって、公平性は同じ機能を持っているとは言えないか？

わが家のウマたちが羞恥心を持っている、つまり公正さの感覚を備えていることは、すでに報告したとおりである。それは科学的な正確さと手順を遵守したうえでの観察ではもちろんない。だが、イヌにおいてはそういう観察がなされているのだ。ウィーン大学のフリーデリーケ・ランゲ率いる研究チームは、おたがい顔なじみである二匹の犬をならんで座らせた。二匹は簡単な命令、つまり「お手！」をするよう求められる。続いて報酬が与えられるが、それにはいくつかバリエーションがある。ソーセージのときと、パンのときと、なにもなし、のときと。両方のイヌに同じゲームの規則が適用されているかぎりは、二匹のあいだに問題は起こらず、どちらも行儀よく協力してくれた。次に、妬みを生じさせるために報酬の扱いをひどく不公平にしてみる。二匹がお手をして、報酬が与えられるのはどちらか一匹だけ。極端な場合には一方がソーセージ、もう一方はちゃんとお手をしても、なにももらえない。となりのイヌに不公平な形で与えられるエサが、いぶかしげな視線を受ける。自分よりおいしそうな食べものをもらっているもう片方が指示された動作をしたかどうかにかかわりなく、不当な扱いを受けたほうのイヌはいつの時点かで我慢の限界に達し、それ以降は協力を拒んだ。それにたいしイヌが一匹だけで、自分とほかのイヌとを比べることができない場合は「報酬なし」のパターンも受け入れられ、協力も続けてもらえた。そのような嫉妬心と（不）公平感は、これまでサルでも観察されている。(44)

ワタリガラスもまた、公平不公平にたいする強い感受性を持っている。そのことは、共同作業と道具の使用にかんする実験で確かめられた。格子のうしろにチーズをふた切れ載せた板を置く。その板には穴のあいたネジが左右に二本固定され、穴には糸が通してある。その糸の両端は格子を抜けて二羽のカラスそれぞれの足下まで来ている。二羽のカラスが同時にかつ慎重に糸のそれぞれの端を引っ張れば、糸が抜けることなく二羽はごちそうを届くところまで引き寄せることができる。そのことを賢い動物であるカラスは即座に理解するが、パートナー同士が仲の良い場合には、この実験はとりわけうまく運ぶ。だがこの綱引き作業をした別のペアでは、首尾良くチーズを引き寄せたあと、一羽がふた切れとも食べてしまうことがあった。働いてもなにも得られなかったカラスはそのことを覚えていて、それ以降そのいやしい仲間とは、ともに作業しようとしなかった。エゴイストは鳥の世界でも好かれない、ということなのだった。(45)

# 共感

森でいちばんよく見かける哺乳動物は、脊椎動物の哺乳綱でいちばん小さな種類に属するものである。モリネズミだ。彼らはたしかにかわいらしいが、その小ささゆえに観察が難しいので、ハイカーたちもあまり関心を示さない。その小さな動物が、どれほどたくさん茂みのなかで動き回っていることだろう。それを実感するのは、私たちの「森の墓地」に関心のある人と会う約束をして、待ちながらしばらくのあいだひとつの場所に立っているときくらいのものだ。モリネズミは雑食性で、夏のあいだは古いブナの木の下にある夢の国で過ごす。そこには木の芽や昆虫その他の小動物など、食べるものがたっぷりあって、のんびりと子育てができる。しかし、次に冬がやってくる。すっかり凍えてしまうことだけは避けようと、彼らは住まいを巨大な木の幹の足下、たいていは根が四方に伸びるあたりにしつらえる。そのような場所には自然にできた窪みがあいているので、それをちょっと広げてやるだけでいい。たいてい数匹がともに暮らしている。

モリネズミは群居性の動物なのだ。

だが雪が積もると、ときにドラマの痕跡を見つけることがある。ブナの木の幹へと小さな足跡が続いている。ここにテンが立ち寄ったのだ。テンの朝ごはんの好物が、ネズミである。足跡の行き着く先は木の根の窪みで、そこを激しく引っ掻いた跡がはっきりと見て取れる。無造作に掘り出されたのはネズミが隠しておいた冬の蓄えだけではない。ときには居住者のうちの一匹も、だ。残されたほかのネズミたちは、それをどう考えているのだろう？　単純にテンを怖いと思うだけなのか、それとも自分たちのうちのひとりが苦しい目にあったはずだと気づいてもいるのだろうか？　モントリオールにあるマギル大学の研究者たちが確認したように、彼らはあきらかにわかっている。研究者たちは、その小さな哺乳動物に共感能力があることを示唆する発見をした。霊長類以外でそのような感情があることが確かめられたのは、それがはじめてのことである。だが実験それ自体は、共感などまったくできかねるものだったのだけれど。研究者はネズミの小さな手に酸を注射することで、痛みをともなう傷をくわえる。さらに痛みのバリエーションとして、体の敏感な部分を熱したプレートに押しつける。同じ拷問を受ける仲間の姿を事前に見ていた場合、なにも準備なく痛みを与えられたときよりもずっと強い痛みをネズミは感じた。逆に、痛みを感じるようすをあまり示さないほかのネズミといっしょにいることは、より容易に痛みに耐える助けとなった。ここで重要な要素は、ネズミがおたがいをどれだけ長く知っていたか、である。ネズミが一四日間より長くいっしょに過ごしていた場合には、共感の効果がはっきりとあらわれたのだ。それは私たちの森に棲む、自由に生きるあのモリネズミたちにとっては、まさに典型的な状況である。

けれどネズミはどのように理解しあっているのだろう、仲間がいままさに苦しんでいる、内面では地獄を経験していると、どこから知るのだろう？　それを確かめるため、研究者たちはすべての感覚を次々に遮断してみた。目、耳、嗅覚、そして味覚。結果は、ネズミはもともと匂いを通じておたがい連絡を取り合い、警告を発するときは甲高い超音波を出すのだが、共感の場合には驚くべきことに、苦しむ仲間の姿を見ることが感情移入の感覚を呼び起こす(46)。つまり、テンが冬に一匹のモリネズミをその心地よい根の窪みから引っぱり出しているとき、ほかのネズミたちは心のなかで同じように恐ろしい数秒間を味わっていると思われるのである。そのような共感がどれほどの長さで持続するのか、たとえば私が雪のなかで襲撃の跡を見つけたその瞬間にも、共感なりそれと対応する興奮状態なりが穴の小さな住人を支配していたのかどうか、それはまだよくわからない。

では、あらたにくわわったばかりの、つまりまだ集団にちゃんと受け入れられていない仲間にたいする共感についてはどうだろう？　それははっきりと弱いものになるだろうが、驚くべきことにその点でネズミと人間とに区別はないことを、マギル大学の研究者がやはり突き止めた。彼らは学生とネズミの感情移入行動を比較実験し、家族の成員や友人にたいする共感は、見知らぬ者にたいするそれよりもあきらかに強くあらわれると結論づけた。実験に参加した者すべてにおいて、その共感を抑制する要因はストレスだった。ストレスを受けた個体は、仲間の苦しみに気持ちを動かす度合いがより少ない。ストレスの由来は往々にして見知らぬ者それ自身で、そういう者を見るとコルチゾールというホルモンが放出される。この結果を補強するための実験として、学生とネズミにコルチゾールの分泌を抑える薬が投与された。すると、共感はふたたび強化されたのである。(47)

感情移入のテーマでは、われらがブタたちがまたまた登場する。オランダのワーヘニンゲン大学の研究者が運営を担当する、ステルクセル・スワイン・イノヴェーション・センター内の実験畜舎を紹介したい。ここではブタたちにクラシック音楽を聴かせている。いや、ブタがバッハを好むかどうか調べようとしているのではないから、ご心配なく。彼らは音楽とちょっとした報酬、たとえば敷き藁《わら》に隠したレーズンチョコなどとを結びつけたのだ。時とともに実験グループのブタたちは、音楽を聴くとある特定の感情が呼び覚まされるようになった。さてここでおもしろいことが起こる。まだそんな音楽を聴いたことのない、ゆえに音楽が鳴ってもどうしたらよいかわからない仲間がくわわったのだ。ところがそのブタたちは、音楽のわかるブタたちのあらゆる感情をともに体験したのである。もとからいたものがうれしくなれば、新参者たちも同じように遊び、跳ね回る。逆に恐怖で尿を漏らせば、その気持ちが伝染してやはり同じ行動をしてしまう。あきらかにブタには共感能力があり、他者の感情を追体験し、その気分を自分に感染させることができるのだ。(48)それは共感についての古典的な定義である。

異なる種のあいだでの感情的なつながりにかんしては、どんなふうだろう？　私たち人間はほかの種の苦痛を感じ取ることができる、それは自明のことだ。そうでなければ、薄暗い大規模畜舎で羽をむしられ血まみれになったニワトリや、実験装置のなかで脳をむき出しにされたサルの映像に、あれほどぞっとした気分を覚えるわけがない。他の動物にもそのような種を超えた共感の能力があることを示す、そのとくに印象的な例を提供してくれるのは、ブダペスト動物園である。動物園を訪れていたアレクサンデル・メドヴェシュ氏が、クマ舎の堀にとつぜんカラスが落下したときのヒグマのようすをビデオに収めたのだ。カラスが力なく羽をばたつかせ、溺れそうになっているところに、ヒグマがやってくる。そして慎重に羽をくわえると、カラスを陸に引き揚げる。カラスは正気に返るまで、その場で固まったまま動かずにいる。ヒグマはといえば、自分の獲物一覧表に載っているこのひと口分の新鮮な肉には目もくれず、もともと食べていた野菜の食事にとりかかる。これはたまたまのこと？　食べたい欲求も遊びたい衝動も出番がなかったように見えるが、ではなぜクマはそんな行動をとったのだろう？

ある動物種において共感の能力があるか、という問いに答えるには、直接観察することのほかに脳を見てみることが助けになる。調べるのは、ミラーニューロンの存在だ。一九九二年に発見されたこの特殊な細胞は、次のような特性を示す。通常の神経細胞はその持ち主の身体がある特定の活動をおこなったときに電気パルスを発生する。それにたいしてミラーニューロンは、向かい合わせた者がそれに対応する行為をおこなったときに活性化する。つまり、あたかも自分自身の身体がその行為をおこなったかのように反応するのである。古典的な例でいえば、あくびがある。あなたのパートナーがあくびをして大きく口を開けると、あなたにもそうしたい欲求が生じる。微笑みが伝染してしまうなどというのは、もちろんよりすてきな例だろう。だがこの仕組みがより明確になるのは、もっとシリアスな状況なのだ。家族の誰かが指を切る。すると、まるで自分が傷ついたかのようにあなたも痛みを覚える。それはあなたの脳のなかで、同じ神経細胞が反応しているからである。しかしミラーニューロンが機能するのは、幼い子どものときから訓練された場合のみだ。愛情深い両親なり保護者を持っている者だけが、鏡映しの感情を訓練し、この神経細胞を強化定着させることができる。若いときにそのような環境から排除された者は、共感能力の発達も止まってしまう(49)。

つまりミラーニューロンは共感のハードウェアなので、どの種がこの神経細胞を持っているか調べるのがいちばんの近道だ。最新の研究が現時点で到達しているのはまさにこの点で、今わかっているのは、サルにはミラーニューロンが存在するということだけである。この点で私たちに似ているのはほかのどの種なのか、さらに調べてみなければならない。少なくとも現在発表されている推測では、ここでもどうやら驚きが待っているようだ。研究者たちが調査の前提としているのは、群れを作って生活する動物はすべて同様の脳のメカニズムを備えているということである。なぜかといえば、社会的集団は、その成員が仲間の身になって考えられ、感覚を共有できてはじめて機能するからだ。「頭のなかに灯るあかり」の章に登場した金魚が、ここでも私たちに合図を送っているのがわかる。金魚もまた、群棲動物として同じ船に乗っているのである。

# 利他主義

動物は、利他的な行動をとることができるのだろうか？　利他主義は利己主義の反対で、進化の枠組（より強い／より良いもののみが生き残る）のなかではネガティブなものではまったくない。ある共同体のなかで生きていれば、ある程度の利他心はその共同体が機能するための前提である。少なくともこの特性の定義に、必ずしも自由意志と結びつく必要がない、と記されている場合には、だが。そうだとするなら、利他的な行動は非常に多くの動物種に見られる。細菌でさえ利他行動ができる。抗生物質に耐性を持つ細菌の個体はインドールという物質を放出する。インドールは警告信号として働き、その周辺にいるすべての細菌が予防措置を講じる。突然変異で耐性を獲得していない個体も、それで生きのびることができる。(50)利他性の典型例だが、そこに自由意志がかかわっているかどうかといえば、少なくとも現在の研究の立場では疑わしいとされている。

私としては、利他主義がほんとうに価値を持つのは、そこに真の選択があること、他者を助けるために意識的能動的に自分の利益を放棄すること、がある場合だと考えている。動物にそういうことがありうるのかどうか、最終的に結論はでないかもしれないけれど、知的な動物で検討をはじめることで、この問題により近づくことはできるだろう。鳥類はそのようなカテゴリーに属している。そして彼らからは利他主義をいつでも観察できるのだ。たとえばシジュウカラ。敵が近づくと、危険をいちばんに察知した者が警告の鳴き声を発する。ほかのシジュウカラはみな逃げ、安全を確保することができる。だが声を上げた者は攻撃者に自分の存在を目立たせてしまうので、ことさら危険に身をさらすことになる。もちろん皆と同じく安全なところに逃げようとはするものの、ほかの仲間ではなく自分がつかまってしまう可能性は、この場合高くなる。なぜそんな危険を冒すのだろう？　進化的には、あまり意味のない行動だ。捕食されるのがその鳥だろうと別の鳥であろうと、種全体にとってはまったくもってささいなことだから。だが長い目で見れば、利他主義は与えるだけでなく受け取ることにもつながる。そして思いやりある寛大な個体にとって利益とさえなりうるのである。そのことを、メリーランド大学のジェラルド・S・ウィルキンソンとジェラルド・G・カーターが、なんとチスイコウモリで観察したのだ。南アメリカに棲むチスイコウモリは、夜にウシその他の哺乳動物にかみつき、流れ出てきた血を舐めとる。だがお腹を満たすには、ウシを見つけたり獲物を暴れさせないための経験と幸運がなければならない。運のない、あるいは未熟なコウモリは空腹をじゅうぶん満たせぬはめに陥るが、それも満腹になった仲間がほら穴に飛び戻ってくるまでのこと。彼らは不運な同居人に食べた血を吐き戻して与えるのである。その結果、群れの全員がいくらかでも食事がとれる。実際、ほんとうに「全員」なのだ。驚くべきことに、近い血縁関係にあるものだけでなく、施しを与えるものの遠縁でさえない個体にも、分け前が与えられる。

でも、それってなんのため？　進化論的にいえばより強いものだけが生きのびるということだし、そして分け与えるものは自分自身を弱めているわけだ。食べものの獲得にはエネルギーがかかる。他者に分け与えるものはさらに多くのエネルギーを消費し、またそれだけ危険を冒す回数も多くならざるをえない。さらには共同体のメンバーひとりひとりがそんな利他的コウモリを便利に使い、ひっきりなしに奉仕を要求するということだってありうる。だがアメリカのふたりの研究者が観察した例では、そうはならない、ということだった。チスイコウモリはおたがいを識別し、知り合いのうち誰が寛大で誰がそうでないか、はっきりと知っている。そしてとりわけ利他的な性質を見せるものは、自分自身が不運に見舞われたときに優先的に分けてもらえるのだ(51)。つまり、利他主義とは利己主義的だということ？　進化論的に言えば、たしかにそのとおり。利他的な性質を示す個体は、長期的に見て生存の可能性が高くなるわけだから。けれどこの観察から学ぶべきことはほかにもある。チスイコウモリはあきらかに、分配をするかしないか決断する選択肢を、自由意志を持っている。もしそうでなければ、おたがいの認識、個性の割り振り、そしてそこから生じる行動が織りなす編み細工としての複雑な社会構造など、不要なものであるはずだ。利他主義的行動がたんに遺伝的に固定されたものとして、ある種の反射としてなされるのなら、チスイコウモリのあいだに性格の違いなど見て取れはしないだろう。だが利他主義は、それが自由意志のもとに生じるとき、はじめて意味を持つ。そしてチスイコウモリは、選択の自由をあきらかに持ち合わせているのである。

# 教育

動物の子どもも、大人として生きることのルールをマスターするために、教育を必要とする。それがどれほど必須なものか、ささやかなヤギの群れを購入したときに私たちは思い知ることになった。隣村の乳製品加工場が売ってくれるのは基本的に子ヤギだけ。結局チーズを作るために必要なのは母ヤギや母ウシのミルクなのだ。生まれた子どもが選べるのは、肉となってガラスケースに収まるか、趣味で飼う人に売られるかである。当初は四頭いたわれらが第一世代たちは幸運を得て、小グループとして私たちの放牧場へとやってきた。柵で囲われた敷地へと入れられるやいなや、最初の子ヤギがパニックになってあたりを跳ね回り、八〇〇メートルほど離れた森のなかへと消えていった。あの子は永遠に戻ってこないかも、と私たちは覚悟した。自分の新しい家がどこなのか、あの子にどうしてわかろう？　ふつうなら母親がそばにいて、メエと鳴いて落ち着かせ、安全だからだいじょうぶとおちびさんに教えてあげるのに。そういう支えとなる存在が、あのちびさんにはいないのだ。誰もいない？　だってほかの三頭の子ヤギはどうしたの？　たしかにあの子たちは群れを作っていたけれど、そのなかで守られているという安心感のようなものを醸成することは、見たところできていなかった。

そしてごたごたはさらに続いた。ベルリ（茶色をした逃亡者）は戻ってきたけれど、かわりにやかまし団の残りのメンバーがなんども柵の外に出てしまい、追い立てて小屋へと連れ戻すのに私たちは大汗をかかされた。子どもを産めば行動が改善されるかもしれない、それが唯一の希望だった。そして実際そうなったのだ。はじめて子ヤギを産むやいなやヤギたちはおとなしくなり、放牧場の割り当てられた区画に行儀よくおさまっているようになった。その娘や息子たちは、平穏を乱す輩《やから》にはならなかった。行儀のよいヤギとして放牧場でいかに暮らすか、親から教えられたからである。お行儀の悪すぎる者は、態度を慎めとばかりにまずはメエとひと鳴きされ、それでもおさまらなければ、角でしたたたかにつつかれる。この第二世代は誰も柵を越えて外に出なかったし、「上級逃亡者」たるベルリはわが家でもっともおとなしい、もっとも愛されるヤギとなった。貫禄も出て、おだやかで。もちろん年を重ねたこともその要因ではある。ベルリは体重が増えたせいで恰幅がよくなったけれど、内面も落ち着いたのだった。子どもを産み育てたことも彼女に自信を与えたのだろうし、いまやベルリは群れのリーダーへと昇進して、それが彼女の生にさらなる落ち着きをもたらしている。

そんなのはすべていたってふつうのこと、とうぜんのことだとお思いだろうか？　私も、とうぜんだと思う。しかしながら、動物は遺伝子によって規定されたプログラムにしたがい本能的に機能する存在だと仮定すると、すべてはちょっと違って見えてくる。その場合、各シチュエーションにそれぞれ対応する行動のスイッチが押されるわけだから、学習は不要である。けれどそれは、事実とはまったく異なる。そのことはペットを飼っている数百万人の人が同意してくれるだろう。たとえばわが家にいたイヌはキッチンに入ってはいけないことになっていて、それはある特定の口調で「ダメ！」と言われることによってすぐに習い覚え、そのルール（自然のなかではおそらくなんの意味も持たないものだ）は一生きちんと守られた。

だがここでふたたび、森のなか、野生動物の教育の場を眺めてみよう。まずはじめは、いちばん小さなやつ、昆虫から。昆虫は、集団のなかで育つミツバチやその仲間のアリとかスズメバチ以外は、生まれたときから自立している。日々の危険を警告してくれるものは誰もいないし、すべては自分自身で覚えていかねばならない。昆虫の子どもの大部分が鳥その他の敵によって食べられてしまうことも不思議ではなく、おそらくこの親不在の学習こそ昆虫綱が多産であるおもな理由なのだろう。ネズミも急速に増えるが、その規模において小さな昆虫にはかなわない。野ネズミでは四週間に一度子どもが生まれ、その子は二週間たつと繁殖可能になる。けれどその小さな齧歯類は子どもをただ世界に送り出すのではなく、周囲の環境のなかでどのように行動し食べものを手に入れるか、ちゃんと教え込む。その教育が個別の状況にかなり対応できることは、私たちの周囲のいたるところにいるあのハツカネズミで調べられている。だがその研究は、ハツカネズミの故郷からはるか遠く離れたところ、いちばん近い陸地から数千キロ離れた波立つ南大西洋に浮かぶゴフ島でおこなわれたのである。

人間世界とは隔絶したこの島では、巨大なアホウドリに代表される海鳥が繁殖していた。少なくとも、ある日船員が島を発見し、密航者として彼らとともに海を旅してきたハツカネズミを意図せず上陸させてしまうまでは。ネズミたちは私たちのもとにいるときと同じように行動した。穴を掘り、根や草の実を食べ、すばらしく繁殖する。ところがあるとき、彼らのうちの一匹にとつぜん肉への渇望が生じる。アホウドリのヒナをどのように殺せばよいか、その方法を見つけ出さねばならない。残虐さは別としても、それはけっして簡単な仕事ではない。なぜならヒナは攻撃手たるネズミより二百倍は大きいのだから。ヒナが出血多量で死ぬまで数匹でかみつき続けるやりかたを、彼らは急速に覚えた。なかでも残虐な個体が、綿毛玉のようなヒナを生きたまま平らげることまではじめた。

ここで動物の教育の問題に戻ろう。研究者たちが気づいたのは、何年ものあいだ鳥のヒナへの狩りがおこなわれていたのが、島のある特定の地域でだけだった、ということだ。ネズミの親が子どもたちに自分たちの持つ戦略を仕込み、それを次の世代に伝えていることは、きわめて明らかだった。一方で他の地域に棲む同種の仲間はまだその技術を知っていなかった。狩りの戦略をこのように次世代に引き継ぐことは、より大きな哺乳類でもおこなわれている。たとえば、オオカミ。そして、それは狩りだけではない。たとえばイノシシやシカの子どもは、家族集団が夏と冬ですみかを変えるのに数十年来どのルートを通って移動しているのか、教えてもらう。そのようなけもの道は長年の使用によって踏み固められ、コンクリートのように硬くなっていることが多い。古い世代から教えてもらえるものは、早期の死を免れる。でも動物の学校が私たちのそれより楽しいものなのか、残念ながら私にはわからない。

# 子どもをどうやって巣立たせる？

いつの日かわが子たちは、自分の足で立って生きていかねばならぬ。ほかの親もそうだと思うが、それは私たちにとってわかりきったことだった。私たちは早くから彼らを自立させるべく教育し、仕上げは自然が、そしてホルモンがやってくれた。わが家では思春期の訪れはおだやかなものだったけれど、それでも意見の相違が一度ならず表面化し、いつかは別々の道を歩まねばという欲求を双方に抱かせることになった。そこにだめを押したのが、高校を卒業したあと大学に進むという教育システムだ。人里離れた営林署官舎の近くにはもちろん大学などなかったから、子どもふたりは五〇キロ離れたボンに移り住むことを余儀なくされたのだ。ついでに言うと、親子の関係はこのときとつぜん良くなった。日々おたがいをイライラさせることがなくなったからである。

動物では、そのあたりはどうなっているのだろう？　少なくとも哺乳類や鳥類ではやはり世代間の緊密な結びつきがあるけれど、それはいつか解消されなければならない。というのも多くの種では人間におけるような意味での家族というものがなく、成長しつつある子どもは遅くとも一年後には、次に生まれる赤ちゃんのために場所を空ける必要があるのだ。では、動物はどうやってわが子に出立をうながすのか？

ひとつのパターンは、ちょっとマズいものかもしれない。いや、文字どおりの意味で。わが家のヤギのミルクで、私たちが身をもって体験したことだ。春の初め、不幸にも生まれたばかりの子ヤギたちが死んでしまうと、私たちは母ヤギに手を貸してミルクを搾ってやる。そうしないと、たわわな乳房が炎症を起こし母ヤギに痛みをもたらすことがあるからだ。おこぼれとして、おいしいミルクが手に入る。それをシリアルにかけたり、チーズに加工したり。おいしいミルク？そう、最初の数週間は、たしかにおいしい。クリーミーでとろっとして、良い牛乳と比べてもまったく遜色ないほどだ。けれど春も深まるにつれ、味に苦みが混じりだす。いつしか誰も飲みたがらなくなり、その結果ミルクを搾る間隔がしだいに長くなり、それとともにミルクの出る量もゆっくりと少なくなっていく。子ヤギが飲むか私たちが飲むかは、関係ない。味の変化によって乳房はその魅力を失い、子どもたちが口にするものは草や葉に切り替わっていく。それでもまだ成長しきらぬ子どもたちに、母ヤギはほんの少しのあいだだけ乳首に吸いつくのを許すが、すぐにイライラと足を上げ、頭で子どもたちを押しのけてしまう。秋、つまり繁殖の季節に向けて、こうやって彼女はその体の備えをすべて自分のため、そして次に生まれてくる子どものために使えるようにするのである。

ミツバチの場合、子どもを追いやることはしないけれど、そのかわり夏の終わりにオスが巣を出ていく。温和で目の大きな、針を持たないオスのミツバチは、春と夏をずっと巣箱でだらだらと過ごす。花を探しに行くこともせず、花蜜の水分を飛ばしハチミツへと変える仕事の手伝いもせず、子どもに食事を与え育てることもしない。なんにもしないで甘い生活を楽しみ、働きバチに食べさせてもらい、たまに外に飛び立って、つがう準備のととのった女王バチがあたりにいないかしらと見て回る。女王バチを見つければ即座に追いかけていくけれど、彼女と飛びながらひとつになれるのは、ほんの少しの幸運なものだけ。うまくいかなかった残りのものたちはブンブンいいながら群れに戻り、甘い食事で心を癒やす。そうやってずっと生きていければいいのだが、過ぎ去る夏とともに、のらくら者たちへの働きバチの忍耐もまた、消え去っていく。若い女王はとっくに交尾を済ませ、一群を率いて群れを出て行ったその姉妹たちもすでに用は足りている。ゆっくりと冬が近づき、たいせつな蓄えは冬を越す数千匹のミツバチ、とくに長生きの働きバチや女王のためにとっておかねばならない。オスのためになにがしか取り分けておいてくれるものなど皆無で、このあたりからオスの生涯におけるみじめな時期がはじまるのだ。晩夏のオスバチ大虐殺、かつてひどく甘やかされたオスたちは手荒に捕らえられ、あっさり外へと叩き出される。抵抗しても意味はなく、それでもオスたちはせいぜい足を突っ張って、運び出されまいと必死になる。こんな目にあうのは彼らにだっていやなこと、感覚を研ぎ澄ませて警戒態勢に入っても、あまりに強く逆らえば、あっさりと刺し殺されてしまう。そこに憐れみの入る余地はない。生き残ったものは飢えに苦しみつつ死んでいくか、やはり腹を空かせたシジュウカラのお腹に、あっという間におさまるか、なのである。

# 野生動物は野生を失わない

数年前、近くの村から電話があった。電話の向こうの女性が気遣わしげな声で言うには、家にノロジカの子どもがいるのだが、どうしたらよいか、と。詳しく聞いてみた結果、森で遊んでいた彼女の子どもたちがその子ジカを森から連れてきてしまったらしかった。いやはや、なんということを！　悪気はなく遊び心からしたことだろうけれど、その子ジカにとってはたいへんな災難だ。ノロジカは子どもが生まれて最初の数週間、茂みや背の高い草のなかに子どもをひとり置いておくのがふつうである。そうすることが親にとっても子どもにとっても安全なのだ。子ども連れの親ジカは、たえず子どもを待たねばならないので、動きが遅い。子どもたちは生きていくことの厳しさをいまだ身をもって知らず、あちこち道草を食いがちで、オオカミやオオヤマネコにとってはおあつらえ向きなのである。そんな一団がやってくるのを遠くから見ていた彼らは、やすやすと食べものを手に入れることができる。だからノロジカは、最初の三週か四週はいたずらっ子たちから離れ、彼らを安全な場所に置いておく。肉食獣の注意を引く可能性のある匂いを子ジカはほとんど発しないので、その点でも彼らはうまくカムフラージュされている。そのあいだノロジカのメスは、子ジカに乳を飲ませるためにほんの短い時間だけ立ち寄ると、すぐにその場を去っていく。そうすることで母ジカは、チビたちにつねに気を配る必要なしに、力みなぎる若芽や伸び出た茎の先端を食べる時間が得られるのである。ものを知らぬ人間がそんなふうにひとり静かに過ごしている子ジカに出くわしたとしたら、ほとんど反射的に手を出してしまうにちがいない。人間の赤ちゃんだったとしたら、ひとりにされたらどんなにつらいだろう、それなのに置き去りにして、どこかへ行ってしまう親がいるなんて！　と。

そんなふうに「救出者」がたびたび介入し、みなしごだと勘違いしたシカの子を家に連れ帰ってしまう。けれどたいていはその先どうしてよいかわからずに、専門家に電話をかけることになる。そこではじめて連れ帰ったことが恐ろしい間違いだったと知るのだけれど、しかしもう取り返しはつかない。人間の匂いがついてしまった子ジカを母ジカは自分の子だと認識できなくなるので、もはや森や母親には戻せないのだ。哺乳瓶で育てるのは非常にたいへんだし、少なくともその子がオスの場合は、これから見ることになるように、危険でもある。

ノロジカは、母の愛というものがきわめて多様な形をとる、そのよい例だと思う。哺乳類では、親と子は私たちと同様にたえず密接な接触を持つことがほとんどである。だがそれから外れた行動をとるからといって冷酷なわけではなく、たんに異なる状況に適応しているだけなのだ。ノロジカの子どもは、生まれて最初の数週間を母親とずっといっしょにいなくても、きっと快適に感じている。この行動様式は、子どもたちが親に合わせて機敏に動けるようになってはじめて変化する。彼らは母ジカの近くにいるようになり、二〇メートル以上離れることはまれになる。

しかし最初の数週間に見られるこの特殊なふるまいが、現代では別の、はるかに危険な影響を子ジカたちにもたらしている。危険を感じると彼らはその場でうずくまるが、それは匂いによって発見されることがないと本能的に知っているからだ。だが血の滴る肉を求めているのがいつもオオカミや腹を空かせたイノシシだとは限らない。ものすごいスピードで何ヘクタールもの土地の草を刈り取る、巨大な草刈り機を備えたトラクターであることが、しばしばあるのだ。そうなると子ジカたちは刃の餌食となる。そこですぐに死んでしまえばまだよいのだけれど、子ジカが直前に立ち上がってしまうと、草といっしょに足を切り取られてしまう。対策があるとすれば、前の晩にあたりをイヌといっしょに見回って、「危険」のサインを送ること。そうすれば、自分についてきなさい、この草原を出て安全な場所に移動しよう、と母ジカは子どもに伝えることができる。しかしそのような救助措置を講じるにも、残念ながら時間と人手が足りないのが現状なのだ。

野生動物がペットには適さない、やさしく撫でるのもだめだということを示す例を、もうひとつ挙げよう。ヨーロッパオオヤマネコである。彼らは一九九〇年ごろ絶滅寸前になる。ドイツ西部の山岳地帯におよそ四〇〇匹、くわえてスコットランドの高地に二〇〇匹ほどが生息するだけとなっていた。私の管轄地域であるアイフェル地方ヒュンメルも最後の避難場所のひとつに属していたので、私もこの臆病なミニタイガーをなんども目にすることができた。その後、状況は劇的に改善する。保護・再移植措置により、数千匹ものオオヤマネコが中央ヨーロッパの森林地帯をふたたび闊歩するようになった。

オオヤマネコの特徴ははっきりしている。大きさは発達のよいイエネコと同じくらいで、毛皮には黄土色の地にちょっとぼやけたトラ模様のステッチがほどこされている。毛深い尾は先が黒くてくるりと丸まっている。問題は、おたがい親戚関係にはないにもかかわらず、ペットのトラネコと同じに見えてしまうことだ。確実な同定は脳の大きさや腸の長さ、あるいは遺伝子検査によってのみ可能で、森を訪れるふつうの人にはそのような検査法などもちろん縁がない。それでも見分ける拠りどころはいくつかある。イエネコは、なんと言えばいいか、ちょっとひ弱な感じで、外を歩き回るのは暖かい季節、それも自分の家から二キロほどのところまで。冬になってじめじめと寒くなるやいなや冒険心は弱まって、それとともに行動範囲も狭くなる。遠征が五〇〇メートルを超えることはほとんどなくなり、凍えたイエネコは暖かなわが家へと急いで戻りたくなってしまう。その点でオオヤマネコは、必要に迫られているのでもっとたくましい。冬眠もせず冬休みもとらず、雪が積もってもネズミを狩らねばならない。雪のなか、いちばん近い村から数キロ離れたところに姿を見せるトラ模様のネコ。彼らはなんといっても野性的で、自由だ。

ローマ時代の昔から、南ヨーロッパより移入されたイエネコはオオヤマネコをその数ではるかに上回っていた。それならなぜヤマネコは交雑によって消えてしまわなかったのか？　両種が交配することは、いわゆる雑種の誕生によって確かめられているのだから。だがそれは例外的にしか生じないのだ。そのふたつの種が出会えば、家畜化されたほうがつねに負ける。英語名「ワイルド・キャット」の名前のほどを、オオヤマネコはただちに証明してみせる。ではヤマネコはペットにするのに向いているのかどうか、という疑問についてはどうだろう。個々のヤマネコが人間の世界に入ってくるということは、田舎や地方では頻繁にあった（そして今でも起こっている）はずである。エサを玄関先に置いておくような動物愛好家は、けっきょくのところどの時代にもたっぷりいる。そして人間にたいする動物の臆病さがしだいに弱まっていくことは、冬にエサ箱に群がる鳥を見ればわかる。

オオヤマネコの赤ちゃんが人間の保護のもとに育つとなにが起こるか、最近ある村で実際に私が見聞きしたことをお話ししよう。私の管轄地域にあるひとけのない森のなかで、山道をジョギング中だった人が、道の脇に一匹のヤマネコの子どもがいるのを見つけた。その人は、見るからによるべないその子を連れて帰りたいという誘惑に打ち勝ち、まずは見守ることにした。数日後に同じ場所に行ってみると、哀れっぽい鳴き声をあげる毛玉のような赤ちゃんが、まだ道脇にいる。とすれば母親がなんらかの理由でいなくなってしまったのはあきらかだ。このまま放っておけば死んでしまうだろう。そこで彼はその子を慎重に抱き上げると、家に連れて帰った。オオヤマネコ保護ステーションに連絡してどのように扱えばよいか問い合わせ、一方でフランクフルト自然誌博物館に毛を送って鑑定を依頼し、一〇〇パーセント純血種だとのお墨付きを得た。オオヤマネコは腸が比較的短くて猫のエサが食べられないので、この子には肉が与えられた。じきに、エサやりのときにはあまり近づけなくなった。近寄ると、すぐに攻撃態勢に移るのだ。一方で野原を散歩するときには家族と並んでおとなしく歩くので、飼い馴らすことができそうにも見えた。しかし、まもなく飼い続けることができなくなった。より攻撃的になり、もとからいたイエネコを追い回すようになったから。結局、ヴェスターヴァルト地方の再導入区域へと連れて行かれたのだった。

この話が示しているのは、その野生を捨てず、人間の保護のもとで暮らすには適さない種が数多くある、ということだ。いま家畜となっている種のそれぞれに長い品種改良の歴史があるのは、けっして偶然ではない。それでも食指が動いてしまう人にとって、こんどは法律がその行く手を阻む。それぞれの国において、例外としてとくに認められる場合にのみ野生動物を飼うことが許されると、自然保護法や狩猟法で厳格に定められている。

しかしそれでも、不可能を可能にしようと試みる人間はいる。そして残念なことに、よりによってオオカミがその対象となっているのだ。そもそもオオカミを中央ヨーロッパで復活させようという試みからして、まずじゅうぶんな賛同を得られていないというのに。オオカミは人間におよそまったく興味がないので、私たちにとって危険となることはない。だが、力ずくで私たちのもとにとどめようとするなら、話は違ってくる。オオカミを飼うことが禁止されているのはもちろんのこと、オオヤマネコと同じく彼らも野生動物であることをやめないのだ。すると次には、大きなイヌ、たとえばハスキーと掛け合わせようという考えがとうぜんでてくる。オオカミの外見に、家で飼われているイヌの従順さを結びつけようというのである。だがそのような行為もまた、法に反している。結果として、アメリカ合衆国や東ヨーロッパから輸入された掛け合わせのイヌを扱うブラックマーケットが生まれることになる。[52] しかしながらオオカミの血の濃いイヌは人に馴れず、人との暮らしに大きなストレスを感じつつ耐えねばならない。そのようにしてむりに接近を図っても危険なだけだ。ストレスは攻撃性を生み出すのだから。

マサチューセッツ大学のキャスリン・ロードは、社会性の非常に高い動物であるオオカミがどうしてイヌよりはるかに飼いづらいのか、その理由を研究した。その結果わかったのは、オオカミの子の社会化の時期が関係しているということだった。オオカミの赤ちゃんは生後二週間で立って歩き出すが、その時点ではまだ目が見えていない。まだ耳も聞こえず、聴覚が機能しはじめるのは四週を過ぎてからだ。つまり彼らは目も見えず耳も聞こえない状態で母親の周囲を手探りで歩き回る。しかしそのときにはすでに、次々と学習を続けている。最終的に目が自由に使いこなせるようになるのは六週目だけれど、その時点で生意気なチビたちはすでに自分の群れや周囲の環境の匂いと音に馴染んでいて、社会的な関係をしっかり築いている。それにたいしてイヌは発達が遅いのだが、そうなるべき理由がちゃんとある。群れの仲間とあまりに早く関係を結んでしまうのはまずいことなのであって、というのも彼らにとってけっきょくは人間が、心理学で言うところの「重要な他者」となるからなのだ。数千年にわたる人間による飼育によって社会的な探索の時期が遅くなり、今ではそのはじまりは生後四週間からである。オオカミでもイヌでも、子どもの形成期は四週間しか続かない。オオカミではその重要な期間中にはまだすべての感覚が発達していないのにたいして、イヌの子どもは完成した五感をもちいて周囲の環境を探り確認していく。そして形成期の最後の段階で、その環境のなかに人間があらわれるのだ。その結果としてイヌは私たちの社会をとてもよく把握し、オオカミはある種の不信感を一生涯持ち続ける。[53]この基本的構図は、オオカミとイヌとの雑種でも失われないようだ。

しかしノロジカと比べれば、オオカミの雑種はまだ害がない。え、ノロジカ？　ノロジカと言っても、飼い主にとって命にかかわる危険をもたらすのはオスだけだ。斑点をつけたかわいい赤ちゃんは、一年もしないうちにりっぱに成長したオスのシカになる。ノロジカは単独で行動し、その縄張りに入ってくる競争相手には容赦をしない。飼育期間中の愛情に満ちた関係が色あせて、世話をしている人間はどうやら（少なくともオスの目には）ノロジカだとなれば、これはもうライバル関係となるほかはない。そしてライバルはなにがなんでも追い出さねばならぬ。ほんらいの競争相手のように攻撃をしなやかに避けることのできないものは、最悪の場合、その細くとがった角の一撃をまともに受けることになる。例外的にそういう行動に出る、のではない。決まってそうなるのだ。たとえノロジカを野生に戻したとしても、危険が続く可能性はある。ノロジカだって昔を覚えているわけだし、その後半生で人間と出会わない保証はない。《シュヴァルツヴエルダー・ボーテ》紙が二〇一三年に報じたところでは、一頭のノロジカのオスが夕刻、ヴァルトメッシンゲンにある小さな村の運動場でふたりの女性に襲いかかり、ケガをさせた。そのノロジカは以前に人の手で育てられたものであることが判明したのである。(54)

# シギのフン

「恥じらいと後悔」の章ですでに書いたように、わが家のウマ、ツィピィとブリジは昼に濃厚飼料をもらう。栄養豊富な穀物を与えることで、とくに年上のツィピィを少しでも元気にしたいのである。ウマというのはどうやらあまりよく嚙まないようで、フンのなかに穀物が少し、まるごと残っていることがある。さて不潔なことに、放牧場の近くをいつもうろうろしている「うちのカラス」たちが、それに狙いをつけるのだ。彼らは馬糞をバラバラにして、燕麦《えんばく》の粒をひとつずつほじくり出す。それってウマいの？　私には吐き気をもよおす以外の何物でもないけれど、そんなふうにフンでコーティングされた食べものがおいしいなんてことが実際あるのか、という疑問も浮かんでくる。そもそも動物には味覚があるのだろうか？　もちろん、ある。あるけれども、それは私たちとは異なる食の伝統に合わせてあるのだ（もちろん私たち人間にも、味にかんしてさまざまな感じかたはある。たとえば中国で好まれている、あの一〇〇年たったような、黒く透き通ったような卵。あれは私たちヨーロッパの人間には、ごちそうというよりも腐敗と分解を思わせる)。

わが家のウマたちも、味覚の存在を証しだてる材料を提供してくれる。毎年二、三回は回虫の駆除をせねばならず、そのためにチューブを使ってペースト状の薬を口に流し込む。どうやら味はあまり良くないようす、というのも、なにをされるか気づいた二頭はほんとうにいやいやながらのそぶりだから。しかしこのところメーカーも対応してきて、リンゴ味の除虫薬があったりもする。ウマの好きな味なのだ。おかげで処置がちょっと楽になった。

なにがおいしくてなにがまずいかを動物も育つなかで学んでいくことは、イヌの飼い主ならよくご存じのことだろう。エサのブランドを変えると食べるのを拒否する、なんてことはよくある。フレンチ・ブルドッグのクラスティはなんでもよく食べるけれど、慣れない食べ物ではひどい目にあったことがある――クラスティがというより、私たちが。食べたあと少しして、悪臭の雲が部屋中に漂ったのだ。それも、一〇分おきになんども。その雲はクラスティのお尻から漏れ出てくるのだった。

ウサギは味にかんしてカラスよりさらにちょっと変態的である。カラスがほじくり返すのはほかのもののフンだけだし、食べるのもそのなかの穀物だけだ。けれどあのいつも口をもぐもぐさせているウサギたちは、自分の排泄物を日常的に食べる。といってもフンならどれでも手当たり次第というわけではなく、食べるのは特別なやつだけだ。草食動物はみなそうだが、ウサギも腸にいる細菌の力を借りて、かみ砕いた草を溶かし消化している。とくに盲腸にはとくべつな種類の細菌がいて、緑の葉などを諸成分に分解してくれる。だがそこで生産された物質の一部、たとえばタンパク質や脂肪、糖などは小腸でしか吸収できない。そしてまずいことに、小腸は盲腸より前にある。つまり栄養たっぷりの消化物はまったく利用されぬまま消化器系を流れくだり、いやおうなしに外部へと出てしまうのである。とすれば、この盲腸産のフンを肛門から出たところであらためてぱくりといただき、小腸を通るあいだに価値ある栄養を吸収することよりうまい手はないのでは？[55] ただし最終的に消化を終え、固く丸いつぶつぶとなった廃棄物はまったく顧みられない。それはウサギも排泄物として認識しているらしいのだ。

　動物のものだろうと自分自身のものだろうと、糞便を食すなど私たち人間には考えられない。いや、少なくともほとんどすべての人間には、だ。そういうことをする人が、中央ヨーロッパに暮らす人々のなかにも存在するのだ。それは、猟師である。彼らは今日でもまだシギを撃ち続けているが、私としてはそれにはクジラ漁と同様の嫌悪感を覚えてしまう。さらに言えば、シギには肉がほとんどない。そしておそらくそれゆえに、奇妙な慣習が生まれることになった。「シギのフン」と呼ばれる、中身（つまり糞便）を出さないままの腸を食べるのである。細かく刻み、たとえばベーコンや卵、タマネギなどを加えてさまざまに味付けをして、それをそのままパンの上にのせてトーストすれば、猟師の名物料理のできあがり。鳥のフンのなかにある寄生虫の卵やそのたぐいのものは加熱によって死滅するとはいえ、それでもそんな「ごちそう」のことを考えただけで、食欲がなくなってしまう。

食べるのに適当なものと不適当なもの（あるいは毒となるもの）を区別するために、動物には味覚があるはずだ。しかし、感覚には私たちと似ているところは多々あれど、味覚にかんしては私たちと同じでない種がたくさんある。「ナッシュカッツェ」、つまり「つまみ食いネコ」という表現は甘いもの好きとよく結びつけて言われるが、ほんとうのネコにはお門違いの言いかたなのだ。なぜならライオンやトラといった大型のネコ、あるいはアザラシも含めて、ネコの仲間たちは進化の過程で甘みを感じる受容器を失ったからである。彼らは甘い食べものに別段の関心を抱かない。それは、肉が甘くないということからもわかる。(56)

私たちの味覚をチョウのそれと比べるのは、さらに難しい。たとえば、キアゲハ。メスは卵を、適当な植物のみずみずしい葉を子どもが食べられる場所にだけ産みつける。そうすれば孵化した幼虫は、お腹を満たすのに自分の周囲をかじればよい。けれどもチョウが産卵場所を探すのに植物をひとつひとつ試食してみる必要はない。それを足を使って探り当ててしまうのだ。葉のうえを歩き回りながら、感覚毛の生えたその足で六つまでの物質を味わい分ける。それどころかキアゲハは植物の年齢や健康状態まで感じ取る。(57) 信じられないって？　でも、なにかが新鮮かそれともすでにしおれているか、私たち人間だって食べてみればわかる。たとえば熟しすぎのバナナのことを考えてみればよい。植物の状態を味で感じ取ることは子どもが生き残るために重要な意味を持つのであって、幼虫が蛹《さなぎ》になる前に葉が枯れてしまっては、チョウへ変身するという夢も、はかなく消えてしまうのだ。

# 特別な香り

味覚ときたら、とうぜん次は嗅覚だ。詳しく見てみよう。よい匂い、悪い匂いを嗅ぎわける感覚を、動物はもちろん持っている。食べものをチェックするという味覚と同じ役割を嗅覚は持っているだけでなく、私たちにもあてはまる目的にも用いられる。つまり、異性にたいして自分を魅力的に見せることである。けれどよいと感じられる香りは、私たちとはだいぶ異なる。それを、わが家のオスヤギであるフィートが秋になると見せてくれる。すでに書いたように、彼は自分の香水、つまり尿を、二匹のメスヤギにたいして自分をアピールするためにもちいるのだ。私の妻などは、小さなヤギの群れを畜舎に訪ねるときには服を着替え、帽子をかぶっていく。あのしつこい匂いが庭中に流れてくるだけでなく、服地や髪の毛にまでこびりついてしまうから。

だが私たちがある匂いを不快だと感じるのも、おそらくは現代の文化的現象にすぎない。二〇〇年前にまだ消臭剤がなかった（少なくとも一般に広まってはいなかった）のは、たぶん後天的に身についた知覚のせいでもある。ナポレオンは遠征先からジョゼフィーヌにあてた手紙のなかで、「明日の晩パリに戻る。体を洗わずにおいてくれ！」と書いている。あるいは、一六世紀スペインの征服者たちは体を洗うことに大いに疑問を持っていた。彼らがイベリア半島から追い出した清潔好きのムーア人と、自分たちとの違いを際立たせたかったのかもしれない。この白い肌を持つよそものをはじめて見たメキシコのアステカ人は、蒸し風呂で体を清潔にしていた自分たちとの違いに気がついた――なんてひどい匂いだ！　そして現代の例で言えば、長い時間をかけて熟成させたチーズがある。見方を変えればこれはカビが生えて固くなってしまった乳タンパクだとも言えるし、発散するその匂いは、チーズと切り離せば吐き気をもよおすものともなりうる。ここで挙げたいくつかの例は、匂いの点で人間を臭い動物と同列に置きたいがために持ち出したのではない。そうではなくて、人間にとって悪臭はさまざまに異なって知覚されていることを明確にしておきたい、ということである。

イヌの嗅覚は、ヤギのオスのそれを凌駕《りょうが》する。わが家にいたメスのイヌ、マクシは、鼻に突き刺さるほど臭いキツネのフンが好きすぎて、その上で転げまわった。新鮮な牛糞も、特別な香りのもととして彼女は好んで利用した。四つ足の動物がそうするのは自分の匂いを隠すためだと長いあいだ思われていた。少なくとも野生だった祖先では、それが狩りにおいてチャンスを増やすことにつながるのだと。今日では、イヌやオオカミは匂いを使うことでメッセージを伝えよう、あるいはたんに群れの中心に立とうとしているのだと考えられている。とくに死肉や草食動物の排泄物が発する匂いは、あきらかに彼らにとって不快なものではない。その逆なのだ[58]。そう聞くと、人間が香水をつけたくなることへと連想が及ばないだろうか？

皆さんのイヌがキツネやイヌのフンのなかで転げ回ったりそれを食べたりしたら、じゅうぶんに気をつけてほしい。とくにキツネのフンのなかにはホコリのように小さなエキノコックスの卵がいて、フンを浴びたあとに皆さんの愛犬の毛皮からこぼれ落ちる。そして落ちる先がリビングルームとなる可能性は、非常に高い。するとその卵がほんらい行き着くべきところであるネズミの立場に、皆さんが位置を占めることになる。発生した幼虫は内臓に移動し、その結果病気になった宿主は動きがにぶくなる。そうなったネズミはおもにキツネに食べられて、輪が閉じる。もちろんそれは皆さんが中間宿主にならなかった場合であって、人に感染すると重い症状を引き起こし、病気のステージによっては治療が困難となる。だからフンにまみれてしまったイヌは、ふだんと違ってむりやりにでもシャワーでしっかり洗ってやらねばならない。

その評価が私たちのそれと異なってはいても、動物もよい匂いだけでなく悪臭も感じ取ってはいる。なかでも該当するのは自分の排泄物である。草食動物は、自分がフンをした場所にもう草を食べに行かなくなる。なぜならノロジカやシカ、ヤギ、ウシには必ず寄生虫がいるからだ。フンのなかには寄生虫、たとえば肺虫の産み落とした卵が数多くはいっている。フン一グラムに最大で七〇〇の卵が含まれていて、草を食べるさいにそれをふたたび摂取してしまうことになる[59]。大量の寄生虫が感染すると体が衰弱するので、そのような草食動物はオオヤマネコやオオカミの餌食となる。それゆえ、自分の排泄物に嫌悪感を感じることで警告とするのは理にかなっているのだ。

思うに、ほとんどの動物にとって自分のフンは吐き気をもよおすほど臭いものなのだ。私たち人間が、自分のそれに感じるのと同じように。多くのペットたちがそのよい証拠を見せてくれている。わが家のウマたちは牧草地で、フンをするときだけ訪れる場所を見つけておく。自然状態であれば彼らは自由に動けるので、フンをした場所の草をまた食べてしまう危険はあまりない。けれど私たち人間が移動を制限してしまうと、ウマたちは用便する目的で牧草地に確保した一角をもっぱら使うようにして、うまくやりくりしているのである。うちのウサギたち、ブラッキーとヘイゼル、エマにオスカーも、小屋や運動場にトイレスペースを見つけておいて、そこで用を足す。ただし、大規模飼育場では、そうはいかない。それどころかニワトリやブタたちは、自分のフンのなかで夜を過ごす。寄生虫の大規模感染は、定期的な薬剤の投与によってのみ防ぐことができる。惜しむらくは、そのクスリは臭い匂いに効果はないのだ。

さて、大便をするのが多くの動物にとって恥ずかしいことなのは、私たちとまったく同じである。たとえばフレンチ・ブルドッグのオス、クラスティが綱をつけて散歩中に大きいほうをするときには、いつも私たちから離れて茂みのなかへと入っていった。さらに私たちに尻を向け、こちらを見ようとしなかった。しゃがんでいるところを見られるのが、あきらかにいやだったのだ。においは別にして、どんな動物にとっても清潔であることはやっぱり大切である。便や汚れが体にくっついていると、私たちと同じく不快に感じる。同種の仲間の反応も、おそらくその不快さを強める要因となっているのだろう。汚れた尻をしているものは、病気のせいで下痢をしている可能性を周囲に示している。誰だって病気をうつされたくないし、ましてやそんな相手とつがいたくもない。だから動物たちは、つねに清潔でいるよう神経質なほど注意しているのだ。ただ、「清潔」という定義は私たちと異なっている。たとえばイノシシは夏になると体を冷やしたくなり、ぬかるんだ泥のくぼみで楽しそうに転げまわる。ブウブウとうなりシッポを振りながら泥をたっぷり掘り返し、こね回し、そしてふたたび横になる。一連の作業が終わったときには、体の毛皮全体が黄土色の膜に覆われている。そしてそれでもイノシシは自分が汚れているとは感じないのだ。どうしてだろう？　人間で言えば、高いお金をかけて塗りつける泥パックみたいなもの？　そう、ああさっぱりした、とイノシシもやっぱり感じているし、それにはちゃんとした理由もある。乾いた泥の殻のなかには多くの寄生虫、たとえばマダニやノミが塗り込められている。泥製の鎧《よろい》が固まると、特別な木に体をすりつけて、泥もろともすべてこすり落としてしまうのである。そのためにもちいる木や切り株はいつも同じもので、長年にわたって使われ、時とともに磨かれてつるつるになっている。やっかいな虫だけでなく、やはりかゆみをもたらす古い毛も、そのときいっしょに剝がれ落ちる。

わが家のウマたちも、同じである。毛が生え替わる時期にはとくに、好んで地面を転げ回っている。天候によっては毛皮がやはり泥まみれになる。けれどあくまでそれは泥であって、フンではないのだ。

# 快適さ

私たちの住むヨーロッパは、世界にふたつとないパッチワークのカーペットだ。少なくとも、野生動物の視点から見れば。人の居住地や道路で切り刻まれていない広大な領域というのはすでに過去のもの、森のなかで迷子になろうと思っても、もうむりな話なのである。私たちが今手にしているなかでもっとも自然に近い生態系、つまり森でさえ、もはやかつてそうであったものとはほど遠い。木材を運搬するトラックがどんなすみずみまでも行けるように、いまや一キロ四方の森に一三キロの林道が走っている。純粋に統計的な話で言えば、道から外れて森のなかを横切ろうとしても一〇〇メートルも行かないうちに次の道に行き当たってしまうから、冒険といってもせいぜい分かれ道で見当外れの方向に進んでみるくらいのものだ。道によって自然は決定的な不利益をこうむっている。道の周辺では、かつて土を手に取ればぼろぼろと崩れるようだった地面が密に固められ、地中に生きていた極小動物はみな息ができなくなった。さらに道はダムのごとくに水の流れを遮断する。このことは過小評価されるべきではない。地中には無数の地下水脈が流れているが、それが多くの場合せき止められ、あるいは迂回させられている。そのために森の区画の多くが沼地状になり、生えていた木々は、その根がよどんだ水に浸かって枯死したために、病み衰えていく。光を嫌うオサムシにとっても林道は深刻にとらえるべき障害となっている。空を飛ぶことを忘れたオサムシは、木々のあいだの暗がりから光に満ちあふれた道路へと出ていくことができない。そのため彼らは道に囲まれた狭い領域に幽閉され、近くにいる同種の存在と遺伝子を交換することができなくなる。

だが道は、動物にとってまったく不都合なものというわけでもない。ノロジカやシカ、イノシシには都合がよい。彼らは私たちと同じく、切り株や岩ばかりのところを歩くのが好きではないのだ。雨に濡れた草ややぶを通っていくのも不快なので、これら四つ足動物たちはきれいに整地された私たちのけもの道をありがたく使わせてもらう。そう、広い道路も林道も、けもの道となんら変わりない。人間の、けもの道。その上を歩くほうが彼らにとってもずっと快適なのは、道の表面の柔らかいところについているたくさんの足跡を見ればわかる。

人間が手をつけていないところは、動物たち自身でそのようなルートを作り出す。彼らの横幅はかなり狭いので、その幅に合わせてではあるけれども。事前にしっかり計画しての敷設《ふせつ》などは生じない。たとえば、あるときイノシシの群れを率いるメスが茂みのなかに通れそうな道を発見する。他のイノシシたちがあとに続き、そこですでに草などが踏み潰される。このかすかな跡は次に来たときにも残っていて、前よりも通りやすくなっている。時がたち何年も使われることによってそこがどうなるかは、人間の山道などと同じである。植生が踏み潰され、なにもなかった大地に細い筋があらわれてくる。快適に歩けるようになったこのけもの道にかんする知識は世代を超えて受けつがれていく。ただし、人間が動物たちのもくろみを潰さない限りにおいて、なのだが。それで思い出すのは、私が管轄地のリーダーになりたてのときに、ナラの植林地を囲むように柵を設置したときのことである。苗木のみずみずしい若芽ばかりを好んで食べるシカがあまりに多くて、守る必要があったのだ。あとになってわかったのだが、かの大型草食動物が作った非常に古いけもの道をその柵が寸断していて、別のルートを探すよう彼らに強いていたのだった。その結果、車を運転する者にとってより危険な状況が生まれてしまった。車道の上、誰も予測できないような場所にシカたちがあらわれるようになったからである。今ではその柵は撤去され、シカたちは代々受けつがれたもとの道を行くようになった。

ところで、私たちの道も動物と同じやりかたで作られてきた。それを目の当たりにしたのは、私の管轄地にある樹木葬のための森、「静寂の森」においてだった。ここではブナの老大木が生きる墓石として貸し出され、納骨の形で埋葬がおこなわれている。そのために数千年の昔からある森が伐採を免れたまま残ることにもなっている。自然をできるだけ乱さないよう、林業もここには大小の道をあらたに作ることを意図的に避けてきた。それでも踏み固められ自然に生じる道が、少数ながらできてくる。木々とその幾百万もの子孫たちのあいだをとりわけたやすく抜けられるところに、である。そしてここでも雨がその後押しをする。雨をもたらす前線が森の上空を通過すれば、若いブナの木の葉が雨に濡れて、雫《しずく》をたらす。ズボンがあっという間に濡れてしまうようなところを歩きたい人などいやしないから、みないくらかでも濡れずに歩けるラインを探す。そして先人のつけたかすかなあとを、追随者がとぎれず続く、というわけだ。私は、これはよいことだと思う。訪れる人々の歩き回る範囲が森の地面のほんの少しの部分に集中することになるのだから。

しかし、けもの道が持っているのはよい点ばかりではない。往来が激しくなれば、招かれざる客が引き寄せられてくるからだ。近くで待ち伏せして不注意な通行者を食べようとしている肉食獣とならぶその代表は、食事の時間を待ちわびている小さな虫、つまりマダニである。マダニはダニの一種で、食べものとして血を必要とする。歩くのがとても遅いので、獲物を待ち構えていなければならない。そして、多くの者が行き来する道ほど、待つにふさわしい場所があるだろうか？　マダニは道で、ノロジカやイノシシの背中より高くない場所にある草の茎や葉、木の枝などにしがみついている。その前足には特殊な感覚器官があり、哺乳動物の呼気や汗を感知しその場所がどこかを測ることができる。くわえて近づいてくる足音の起こす震動も捕捉する。大型の哺乳動物が草のなかを通りかかるやいなや、マダニは前足を伸ばして飛び移る。それから柔らかく暖かい皮膚のしわのなかへと這っていき、食事をはじめるのである。皆さんが夏に森を散策するときには、けもの道は使わないほうがよい。一方で冬なら問題ない。マダニは気温が低いと活動できないので。

もう一度、足が濡れる問題に戻ろう。それがどれほど不快なものか、たぶん皆さんも散歩のときに気づいていることだろう。それなら動物だって、そう感じないわけがない。濡れた毛皮では凍えてしまうので、快適な道の上にいるほうがずっといいのだ。けもの道にはさらにもうひとつの利点がある。スピードである。どこかの茂みでパキパキと音がすれば、それはシカやイノシシの子どもをつかまえて食べようとする敵がいるということで、すると群れはできるかぎりの速さで逃げる。森のなかにはいたるところに太い枝や枯れた木が転がっていて、逃走が障害物競走になってしまうから、開けたルートを通るのがいちばんなのである。

けもの道には、マダニのほかにも待ち伏せをしているものがいる。子孫のための運び役を待っている植物だ。ヤエムグラの仲間は、鉤《かぎ》のついた小さな実をつける。動物が通りかかってその草に触れると実が体にくっついて運ばれていき、どこか別のところで落ちる。そして、そのような植物種はけもの道に沿って広まっていることがあきらかになっている。

# 悪天候

雷雨のさなかに、誰がすすんで森へ行こうなどとするだろう？　木に落雷すれば命にかかわるし、音を立てて降る冷たいにわか雨に遭うことだって、すてきな体験とはとても言えないのだから。私は管轄する森で、数年にわたってサバイバル訓練をおこなっていたことがある。参加者は寝袋とコーヒーカップとナイフだけ持って週末を森で過ごすのだ。森のなかで寝て、森のなかで食べものを探す。そんな探索行のさなかにとつぜんの激しい雷雨に見舞われたことがあって、私たちは我慢を余儀なくされた。濡れる不快さのほかに、近くに落ちた雷が動揺を誘う。私は参加者の不安がこれ以上高まらないようにと、ことさら平静をよそおった。けれど、一〇〇メートルほど先で強烈な落雷があったときには、さすがに内心パニックに襲われた。たとえ直撃されたのでなくとも、雷の落ちた木の周辺にいるだけで同じくらいに危険であることは、雷雨が過ぎたあとになんども目にして実感していたから。落雷で裂けた木の幹だけでなく、その周囲にある一〇本以上の木々も、枯れてしまうのだ。ひどいときには、一種のナイフ投げのようになっているのを見たことだってある。トウヒの木が落雷による圧力で粉々に砕けてあたりに飛び散り、その破片が木製の刃となってとなりにある木の切り株にいくつか刺さっていたのである。

そんなことのあったサバイバル訓練だったけれど、雷雨が去ったあとのすてきな見返りとして、ある野生の姿を観察することができたのだった。雨がさっとあがり、雲間からまぶしくも暖かい陽の光が射し込んできた。私たちのまわりの木々や草から湿気がむっと立ちのぼる。するととつぜん、ノロジカが伐採したあとの小さな空き地に飛び出してきたのである。すっかりずぶ濡れになったノロジカは、体を乾かすために陽のあたる場所を探していたのだ。シカの気持ちも、私たちと変わるところはない。つかのまの連帯感を、私は抱いた。

実際のところ、野生動物はそのあたりどんなふうなのだろう？　彼らは悪天候を、一年を通じて野外で耐え忍ばねばならないのだし、寒い季節はきっとひどく不快なことだろう。それとも、そうではないのかな？　もう少し詳しく見てみることにしよう。まずは、毛皮。これは私たちが思うよりもはるかにしっかりと水分を防いでくれる。人間はシャンプーでたえず洗い流してしまっている油分だが、それが動物の毛に防水加工を施しているのだ。さらに背中の毛は下向きに生えているので、屋根瓦に降る雨のように水は下に流れ落ちていく。ノロジカもシカもイノシシも、皮膚は乾いたままで湿り気などまずは感じることがない。彼らが不快に感じるのは、強い風によって雨が体の横から吹きつけ、毛のあいだからしみ込んでくるときくらいのものである。年かさの仲間はそのことをよく承知していて、そんな天気のときには風の吹き込まない場所へと移動する。くわえてお尻を風上に向け、繊細な顔のほうを風の陰になるようにする。ただし雪の降る気温零度前後の日は厳しくて、毛皮についた雪片が溶けて毛のあいだをゆっくり染み込んでいき、ノロジカやシカたちを寒さに震えさせてしまう。むしろ完全に氷点下にまで下がってしまったほうが、体感はずっとましだ。密に立ち並んだ彼らの冬毛は断熱性が高く、降りかかる雪が数時間は溶けないのである。

それは私たちでも同じではないかな？　マイナス一〇度の凍てつく晴れの日より、プラス五度で風の強い雨の日のほうがいやじゃないだろうか？　つまり動物たちの感じかたも本質的には変わらないのであって、彼らのほうが私たちよりも総じてより低い気温に耐えられるというだけである。だがそれだって確固としたものではない。ふたたびサバイバル訓練の話をするけれど、数年前に一度、冬のさなかに挙行したことがある。一月の週末のことで、よりによってほんとうにイヤな天気の日にあたってしまったのだ。気温は零度前後、雨は時間がたつにつれて雪へと変わっていった。薪も湿ってしまい、たき火をしようにも火がつかない。これでは参加者たちがくじけてしまうだろうと私は思っていた。ところが湿った寝袋のなかで一晩過ごしたら、どうやら体が順応したらしくて、もう誰も凍えていなかったのである。私たちはあきらかに、動物の快不快レベルにまで達したのだ。

だが夏になれば、体を温めてくれる日光とは別に、通り雨のあとぶ厚い葉むらの屋根の下からささやかな空き地へと歩み出てくる理由が、動物たちにはある。ブナやナラの葉からは、雨がやんだあともしばらくは雫がしたたり落ちてくる。「広葉樹の林では、雨はいつも二回降る」という、ちょっとした格言もあるくらいなのだ。だからノロジカやシカはいつまでも雨を浴びていることになるのだが、実はやっかいなのはそれだけではない。したたり落ちる雫は音を立てる。たえまなく響くその音のなかにいると、この天気を利用してそっと忍び寄り獲物を狙おうと近づいてくる肉食獣に気づくことができないのである。だからシカたちは、激しく降る雨が過ぎ去ったあと、開けた空き地に出てきて危険がないかどうか注意深く聴き耳を立てるのだ。

小さな哺乳動物にとっては、状況はもうちょっと厳しいものとなる。たとえばハタネズミの仲間。冬の雨の日にわが家のウマの放牧場を歩いていると、斜面に開いた彼らの巣の出入り口から水が噴き出しているのが目にとまる。あの小さな齧歯類は、このなかをどうやって生きのびているのだろう？　彼らにとって毛皮が濡れることは大きな動物よりもずっと危険である。体重に比してより多くの体温を奪われてしまうからだ。そうでなくても彼らのカロリー消費量は体重比で見るとものすごく大きくて、一日で自分の体重と同じほどの量を食べる必要がある。そして体が濡れればエネルギー消費量はいちだんと高まる。彼らは冬眠をしないので、食べもの探しにかける日々の苦労には切れ目がない。そうは言っても彼らが好んで食べるのは草などの植物の根なので、わざわざ冷たい風のなかに出ていかずとも、自分たちで作った地中の通路のなかで食糧は調達できる。けれど、そこに水が流れ込んできたらどうする？　抜け目のないハタネズミは、特別な設計を施すことでちゃんとそれに備えている。巣穴は最初はまっすぐ下に延びている。危険が迫って急いで地中に逃げ込まねばならないときは、穴に飛び込んですとんと落ちていけばいい。その垂直の通路は、実際の必要以上に深くまで達している。そこから少し横に進むとまた上り坂となって、その先に柔らかい草が敷きつめられた快適な小部屋がある。巣穴に流れ込むほどの雨が降ると雨水は通路の小部屋より深い部分に溜まるので、住人たちは濡れることなく快適に過ごせる、というわけなのだ。巣穴どうしはたくさんの通路で結ばれているので、もし水が部屋に入ってきたとしても逃げられる。しかし、いつもうまくいくとは限らない。とくに冬、激しい雨で野原全体が水没するようなときには、ハタネズミの少なくとも一部は水にやられてしまう。地面の下の小部屋のなかで、あわれに溺れ死んでしまうのである。

# 痛み

あれは寒い二月の夜だった。わが家のヤギ、ベルリの出産がもう間近に迫っていた。ベルリは落ち着かず、立ち上がってはなんども倒れるように横になる。乳房がすでに乳腺炎にもなっていた。妻は心配になり、「ちょっと時間がかかりすぎてるんじゃないかな」と言う。「念のために獣医さんを呼んだほうがよくない?」私は妻を落ち着かせようとして言った。「ベルリはひとりでちゃんとやれるよ。たぶん、少し静かに見守っていてやるほうがいい。彼女は健康で丈夫だし、こういうときはあまりよけいな手出しをしたくないんだ」

ああ、あのとき妻ミリアムの言うことを、彼女の第六感を信じていればよかったのだ。夜が明けても子ヤギはまだ生まれてこず、ベルリはあきらかに痛みに苦しんでいた。激しく歯ぎしりをして、エサを食べようとも、起き上がろうともしなかった。これはもう危険信号の最たるもの、ヤギをいつも診てもらっている獣医を大急ぎで呼ばなくては。電話に出た人が、先生は休暇中です、と。だがその代理の獣医師が営林署官舎へと駆けつけてくれた。診断の結果、お腹の子ヤギは逆子で、残念ながらすでに死んでいた。獣医は胎児を慎重に引っぱり出したあと、子宮の炎症を予防するためにベルリに薬を与えた。

ベルリは急速に回復し、私たちは彼女に養子を世話してやることにした。近くのヤギ牧場が、生まれた四つ子の一匹のもらい手を探していたのだ。母ヤギは四匹の子をいっぺんに世話することができない。乳首はふたつだけだし、そもそもそんなにたくさんの子ヤギに与えるほど乳は出ない。元気な子どものうちの一匹を信頼できる人間の手にゆだねることができて、牧場主は喜んでいた。私たちはそのオスのチビさん（フィートと名づけられ、大きくなってわが家の繁殖用ヤギとなる）の体に、死んだ赤ちゃんヤギを包んでいた胎膜をこすりつけた。気持ち悪いとお思いかもしれないけれど、そうすることで自分の子どもの匂いがついた子ヤギに、ベルリはすぐに乳を飲ませたのである。少なくともこの二匹にとってはハッピー・エンドとなったのだ。

さて、ここでふたたび、痛みについて。痛み？　「頭のなかに灯るあかり」の章で魚釣りの例を扱ったけれど、そこで挙げたような証拠はいまだ議論の余地あるものと見なされている。同種の刺激や信号、脳波のパターンやホルモンが痛みに類する感覚の存在をうかがわせることをめぐって、神経医学の次元に立ち入ったりあれやこれやの議論を取りあげたりしてもいいのだが、でももっとシンプルにいかないものだろうか？　私たち人間にもある行動パターンが、すべてベルリにも見られたではないか。歯ぎしり（ヤギはふつうそんなことしない）、食欲不振、横になる、無気力などなど。痛みを感じているとき、そのうちのひとつふたつは皆さんにも身に覚えがあるのでは？

もっと直接的な証拠だってある。わが家のニワトリやヤギ、ウマたちで経験していることだ。動物たちはみな、私たちがあらかじめ決めた場所にいてもらうために、それぞれの種に応じてしつらえられた電気柵に囲われている。電気柵と聞くとなんだかひどいもののようだけれど、ほかの解決策はどれも役に立たないものばかりなのだ。有刺鉄線は怪我を負わせる危険があるので候補から外れるし、木の柵は少なくともヤギにはじきに役立たなくなるし、支柱と木の仕切り板はウマがだんだんと齧《かじ》ってだめにしてしまう。電気柵というものがどのように機能するのか、動物にどんな効果をおよぼすか、実は私は身をもって体験している。朝、牧草地のあらたな一画をあてがおうとウマたちのところへぼおっとしながら向かうとき、たまに電気のスイッチを切っておくのを忘れてしまうのである。すると激しい衝撃が私を夢からめざめさせ、私は自分に腹を立てることになる。それから数日は、放牧場の柵の電気をちゃんと止めたかどうか、なんどもなんども確かめねば気が済まなくなる。電気ショックにより覚醒した本能が、このような状況ではひどく強力に働くのだ。

動物でも、電気柵の効果は同様である。触れたときの不快さを二、三度経験すると、もう近づかなくなる。つまり、最初は実際の痛みによってその効果をおよぼすけれど、次からは痛みの記憶だけでじゅうぶんなのだ。私の場合と、まったく同じ。ゆえに、わが家の動物たちが電気ショックを受けて私と同じように感じているのは確かだと思う。そしてそれは家畜に限らない。ニワトリたちを囲む電気柵のいちばんの役割はキツネの侵入を防ぐことだが、それはとてもうまく機能している。農家はイノシシから守るために電気を通した針金でトウモロコシ畑を囲う。ペットを飼っているが柵を目に見えるような形で設置したくない場合には、鉄線を地中に埋めることもできる。イヌやネコがその見えない境界を越えると、特殊な首輪が電気ショックを与えるのである。そういうやりかたを良しとするかどうかは飼い主によりけりではあるけれど、これら動物たちがみな痛みを感じているということ、本能的に同じ反応をしていることは、事実なのだ——私も含めて。

# 恐れ

人間であれ他の動物であれ、恐れを感じないものは生き延びることができない。不安や恐怖という感情は、命取りとなりうる過失から身を守ってくれるものだから。たとえば断崖から突き出した展望台、パリのエッフェル塔といったきわめて高い場所にいるときの、落ち着かない、不安な気持ちを皆さんもよくご存じではないだろうか。私はといえば、ムズムズする感じが足下から這いあがってきて、さっさと降りたくなってしまう。それは進化論的に言えばとても意味のあることだ。世代を超えて今日まで続く私たちのたどってきた道が、高い崖から転落することでとつぜんに終わってしまう。そんな事態から私たちの祖先を守ってきたのは、この生得的本能なのである。

動物たちは恐怖や脅威がもたらす切迫感を知っているが、さらに恐怖を意識的に処理し、そこから長期にわたる対抗措置を導き出すこともできる。それはイノシシを見ればわかる。ここでスイスのジュネーヴ州へ、ちょっとばかり足を伸ばしてみることにしよう。かの地では一九七四年の住民投票によって狩猟の禁止が決定された。大型の哺乳類にとって最大の敵は、猟師である。そして猟師たちはホモ・サピエンスに属するので、狩猟が許可されている動物はあらゆるヒトに恐れを抱く。だからこそ、彼らが野山に出てくるのはおもに夜になってからで、日中はうっそうとした森ややぶのなかなど、危険な二本足のやつらの目の届かないところで過ごしているのである。さて、ジュネーヴで狩猟が禁止された結果、ノロジカやシカ、イノシシたちの行動が変わった。臆病さが消え、今では日中でもその姿を見ることができる。だが、ふるまいが変わったのはジュネーヴのイノシシだけではなかった。おとなりのフランスを含めたジュネーヴの周辺地域では、いまでも猟銃で多くの動物が撃たれている。そして狩猟シーズンがはじまり、とくに秋に狩猟犬を使った狩り立て猟がおこなわれるようになると、とつぜんイノシシたちは泳ぎの才能を発揮しはじめるのである。狩りのはじまりを告げる笛の音が宙に鳴り響き、危険なライフルの発射音が聞こえはじめると、たくさんのイノシシたちがローヌ川のフランス側の岸辺を離れ、ジュネーヴ州へと泳いでいく。こちらへ来れば安全であり、フランスの狙撃者たちの鼻をあかすことができるのだ。

泳ぐイノシシの姿からは、みっつのことがわかる。ひとつめ、彼らが危険を見抜き、さらに家族の誰かが銃弾の雨のなかで死んだりひどく傷ついたりした昨年の狩猟を覚えているということ。ふたつめ、彼らはたしかに恐怖を感じていること。恐怖感こそが、夏を通じて快適に過ごしていた地域を去る決断を、彼らに下させる。そしてみっつめ、ジュネーヴ州のなかは安全だと彼らが記憶していること。危険を感じたら川を越えて安全な場所へ行け――この無敵な雑食動物のご先祖たちが一九七〇年代に試行錯誤の末に見つけ出したこの教訓は、四〇年以上にわたる長い時間を経て、イノシシの世代から世代へと受け継がれる伝統となったのだ。

電気柵の例ですでに確認したように、動物は記憶だけからも恐怖感を覚える。歌や匂い、映像が、危険なできごとの記憶を無意識の深層から引っぱり出してくるのは、人間においてだけではない。たとえばイヌでもまったく同じだ。イヌを家族の一員としたことのある人ならば、私たちと同じこんな経験がおありだろう。わが家の小さなミュンスターレンダー犬のマクシは人生と環境の変化を慈しみ楽しんでいたけれど、獣医だけは別だった。動物病院に行けば予防接種の注射をされる。歯石を取られるのもいやなこと、肛門腺を絞られるのも気持ちが悪い。処置台に乗せられたマクシが毎回のように震え、悄然としつつ処置にじっと耐えていたのも不思議ではない。だがそれだけではない。すでに動物病院に向かう車のなかで、車内換気をとおして病院特有の匂いを嗅ぎつけ、そして駐車場へとハンドルを切るあたりでもう怖がりはじめるのだった。彼女の頭のなかには、不快な場面の映像が浮かんでいたにちがいない。動物が不安を感じるということは、これで立証されたと言えるのではないだろうか。さらに言えば、わが家のイヌの反応はもうひとつ別のことを示してもいる。ほかの多くの動物種と同様に、イヌはかなり長いあいだなにかを覚えていられるのだ（電気柵に触れたわが家のヤギたちと同じように）。だって獣医のもとを訪れるのは、一年以上あいだがあくこともたびたびだったのだから。

人間にとってあまり気分のよいことではないかもしれないが（じっさい、よくない）、ほとんどの野生動物はマクシと似たり寄ったりである。とくに相互の距離がある限度より近いとき、人間を目にした瞬間に彼らのなかに恐れの気持ちがわき上がる。だがむしろ興味深いのは、そうでないときに動物たちが私たちをどう見ているのかということだ。彼らにとって人間は、ほかの動物と違って見えているのだろうか？　私たちがコンピューターを作り、車を運転し、知能において少なくともある部分では自分たちよりはるかに勝《まさ》っているということを、彼らは知っているのだろうか？　逆に私たちが動物へ向ける視線はどうだろう。人間にとって唯一特別で、きわめて重要な意味を持ち、ゆえにほかの種よりもはるかに注目して見てしまう動物種など——ペットや家畜のことはいったん置いておけば——ひとつもないはずだ。ということは、ノロジカにとっては目にしたものが人間だろうがノスリだろうがハリネズミだろうが、たいして変わりはないということ？　理屈のうえでは、そのとおり。そのことは、皆さんが最近なさっただろう森の散策を思いかえしてみれば、実感として理解できるのではないだろうか。珍しい種、特別に大きい種、あるいはカラフルな種などに出会っていたとして、たとえばその鳥の一羽一羽を、それぞれのハエの外見を、ちゃんと覚えておられるだろうか？　きっと覚えていないはず。なぜなら私たちの周囲の世界は生きもので満ちており、地を這い空を飛ぶもののすべてをその細部まで詳しく見てなどいないのがふつうだからだ。

他者の視点の細部にまで分け入り近づくことはできない。ほかの人の身になって思考し世界を眺めることなど、ほとんど不可能だ。同じ人間にしてそうなのだから、ましてやほかの動物種の身になって考えるなど、どうしてできようか？　可能性があるとすれば、私たちの姿を目にしたとき彼らが示すリアクションから類推することだろう。そこでは動物の日常世界に人間が深い部分まで影響を与えているかどうかが、きわめて重要になってくる。影響には二面あって、ひとつは動物を利用する、狩猟の対象とするなど、苦痛やときには死をもたらすもの。もうひとつはたとえば食べものの提供など、飼育のプラス面としてのもの。私としては、動物を傷つけるのでも庇護するのでもない、つまり影響関係の存在しないシチュエーションに、とりわけ心惹かれる。そんな環境での動物たちの行動は、まるで楽園でのそれのようだ。つまり、人間などまるで存在しないかのようにふるまうのである。その極端な一例が二〇一五年の夏、遥かアフリカからインターネット上にアップされた。《シュピーゲル》誌のオンライン版に掲載された南アフリカのクルーガー国立公園を写した写真、なかでもある一枚の写真が切り取り見せてくれたのは、車を運転する人々の驚きかつショックを受けるようすだった。交通量の多い道路のまん中で、ライオンたちがレイヨウを噛み裂いている。そしてかの猛獣にとっては、背景にあるのが木の茂みでも石でも、あるいは車に乗った人間であっても、まったくどうでもよいという風情なのだ。(60)

比較的危険の少ない例をあげれば、アフリカ大陸の国立公園でのフォト・サファリがある。そこではシマウマやイヌ科の野生種、レイヨウなどのすぐ近く、ほんの数メートルのところに車を停めることができる。さらにはガラパゴス諸島、南極の海岸、カリフォルニアのヨットハーバー、あるいはイエローストーン周辺など、人間を恐れず近寄らせてくれる生きもののいる場所は、世界中いたるところにある。それなのに、どうして私たちのいる中央ヨーロッパではそういう経験ができないのだろう？　この地は哺乳動物の密度が世界でもっとも高い場所のひとつである。森林一平方キロにつきおよそ五〇頭のノロジカ、シカ、イノシシが暮らしている。だから理屈上は一日中いつでも彼らの姿を見ることができるはずなのだけれど、出会えるのはたいてい夜だけだ。その理由は、もうおわかりだろう。ここではあらゆる場所で狩猟がおこなわれているからなのだ。

人間は「目の動物」で、視覚に頼って狩りをする。だから人間に獲物として狙われる動物は、その視界から消えることを目指すことになる。もし私たちが嗅覚をもちいて狩猟していれば、動物たちは世代を経るにつれて体から発する臭気を消していっただろうし、音を頼りに狩りをしていたら、きわめて静かにふるまうようになっていたことだろう。だがそうではなかったので、彼らは私たちの視野から逃れようと努めているのである。なにより問題は日中だ。なにしろ人間は暗い中ではなにも見えないのだから、私たちの獲物は活動の時間を夜へと移す。とすればノロジカやシカ、イノシシは夜行性になってとうぜんという気もするが、じつはそうではない。というのも、彼らはきまった間隔で一日中食事を摂る必要があるからだ。昼間に食べものを調達するのは目につきにくい茂みや森の深くからで、彼らがふつうそうするように草原や森のへりには出て行かない。視線から守られた領域から出てくるのは、人間の目が利かなくなる、日が暮れはじめることになってから。それ以前に狩猟やぐらから狙いをつけられる範囲にのこのこ出てきて身をさらすのは、ひどく空腹か、あるいは慎重さに欠ける若い個体だけである。私たちは獲物を待ち伏せする狙撃用のやぐらを「ハイシート《ホーホジッツ》」と呼んでいるけれど、ノロジカやシカにとってそれは致命的な設備であって、やぐらの上に陣取る最大の敵が、銃声と硝煙をもって彼らにとつぜんの死をもたらすものなのだ。

若い個体だけ、というのは私のかつてな解釈ではない。猟の対象となる動物が経験をとおして知識を蓄えていくことは、私の同僚や猟師たちならみなよく知っている。シカの群れは仲間が撃ち殺されるのを、銃声が響くとともにつぜん血の匂いがする、という形で体験する。銃弾が急所に命中しないこともたびたびあり、そのとき撃たれたシカは、最後にもがき倒れるまでの数メートルを必死で走って逃げようとする。ストレスホルモンの匂いと結びついたこの光景が、群れのメンバーの意識深くに刻み込まれる。ホーホジッツから猟師が降りて仕留めた獲物を回収しようとする、そのとき立てる物音がそれに続いて聞こえてくれば、頭のよいシカたちは両者の関連を正しく把握し理解する。それ以降、森の中の開けた場所や林道に出る前にはホーホジッツのほうをうかがって、誰かその上にいないかと用心深く確認する。もちろんまったく近寄らないこともできるけれど、狩猟のための設備というのは、とりわけおいしい食べものが生えている場所に置かれるものだ。そんな植物が生えていないときは、猟師はシカが惹かれる牧草の種を数種類混ぜて蒔いておく。そういう牧草のミックスを、たとえば「狩りの畑のシチュー」などと呼ぶ。おいしそうでしょう? かくて夕暮れ時は果てなきルーレット・ゲームへと変貌する。空腹がまさればノロジカやシカは森の空き地に早く出すぎて、銃を構える者の視界に入ってしまう。不安が優位を占めれば、腹減りたちは真っ暗になってはじめて料理の並んだ食卓につき、猟師のほうは手ぶらで帰ることとなる。

シカがどれほど敏感な生きものか、アイフェル国立公園の研究者が報告している。そこでは狩猟をする森林官としない作業員が同じ型の車を持っていた。シカたちは森林官の車があらわれるやいなやたちまち姿を消すが、作業員の車が走ってきてものんびり落ち着いたままだったという。わけれど、危険な人間とそうでない人間を区別する能力を持っているのは、シカだけではない。イヌやが家のペットたちも、自分の感覚に信を置いている。シカやその仲間にとっての猟師が、イヌやネコにとっては獣医なのだ。

そうはいっても、猟師というのはそもそも獣医よりずっと危険な存在である。やってきたのがどんなたぐいの人間か、少なくない数の動物種が感知できるのも、したがって不思議なことではない。子どもは基本的に無害なものと認識されているが、大人でも散歩の人なら、たとえばカケスはめったに避けない。だが猟師が近づいてくればおおいに騒ぎ立て、そのガラガラ声で動物界に警告を発する。だから残念なことに、このカラフルな鳥はいまだに狩りのターゲットとされている。木の種子を運んでくれる彼らは、森にとってかけがえのない存在なのだけれど。

狩猟の対象となる動物の暮らす空間に人間が立ち入ることは、彼らのストレスとなる。二本足の者たちがひっきりなしに彼らの領域に姿をあらわすと、危険の確認についやす時間の割合が、一日につき五パーセントから三〇パーセントへ変化するという[61]。

とくに負担となるのは、動物たちにとって予測の難しいタイプの人間だ。道を行くハイカー、サイクリングをする人、あるいは馬上の人などは問題ない。もの音を立てつつ、あらかじめきまったルートを移動するだけだから。狩りの対象となる動物の目から見て人間がルートから外れていないと判断できれば、その人間がA地点からB地点へと回り道せずに進んでいくことは明白だから、安全な日中の隠れ家から観察している動物たちにとって恐れることはなにもない。それにたいしてキノコ狩りの人、マウンテンバイク乗り、あるいはもちろん猟師や森林官も、しばしばその土地を縦横に進んでくる。そのような属性の人間はたいてい単独で行動しているので、進むルートを予測できるようなにぎやかなおしゃべりが聞こえてくるわけでもない。ただあちらこちらから、靴底が小枝をパキパキと踏みしめる音がしてくるだけ、せいぜい小さな咳払いがときおり聞こえてくるくらいのもの。するとシカやノロジカは不安な気持ちになり、用心のために急いで逃げるのである。

別に人間じゃなくても同じじゃないか、と思う人もいるだろう。狩りをするオオカミの群れと人間と、どんな違いがあるというの？　いや、ひとつ重要な違いがある。それは、個体の数である。オオカミの縄張りでは四つ足ハンターの数は五〇平方キロメートルに一匹だが、それにたいして同じ面積に二本足の肉食獣は二〇〇〇人以上もひしめき合っている。後者はすべてが武装しているわけではないが、銃の有無は獲物となる動物にとって簡単に確かめられることではない。だから疑わしい場合には、攻撃者となりうる存在からとりあえず逃げておく。そして明るく陽のあたる、緑の草の生い茂る場所に赴くのをあきらめるのである。だから、狩猟可能な区域に棲む動物たちにとって、これは手に汗を握る事態である。だって、狩られる存在一匹にたいして狩る側のほうがずっと多いなどという状況は、動物界のどこを探してもほかにはないのだから（もちろん、ふつうはその逆なのだ）。

それゆえ、野原や森を不安と不信が覆い尽くしていても不思議ではない。どのような動物種が狩られるストレスに耐えるはめになっているか、見てみよう。シカ、ノロジカ、イノシシはすでに言及した。くわえて、哺乳類ではシャモア、ムフロン、キツネ、アナグマ、ノウサギ、テン、そしてイタチ。さらには多くの鳥類、たとえばヨーロッパヤマウズラや、さまざまなハト類、ガチョウ類、アヒル類、カモメ、シギ、アオサギ、ウ、そしてカラスの仲間。動物たちのこのような多彩さが一望できることは、めったにない。それって不思議だと思いませんか？　立場をひっくり返して、中央ヨーロッパ中を一平方キロあたり二〇〇〇から三〇〇〇頭のライオンが闊歩している場面をイメージしてみよう。狩る側の人間と狩られる側の動物の数的関係を、狩るライオンと狩られる人間にそのまま移してみたわけだ。さて、ここで狩られる動物の視点に戻ってみる。すると私の想像力はオーバーヒートしてしまう。どの茂みの背後にも、どの一角にも、死をもたらす危険が待ち伏せているとしたら、家のドアから外に出ていく勇気など、私にはたぶんない。

外に出るなら、追跡者が確実に眠っている、あるいは少なくとも狩りはしないだろうとわかっている夜だけにしよう、と考えるのではないだろうか。

家族の成員が血に塗《まみ》れて倒れるようすをその場に居合わせ見てしまったもの、あるいは恐怖やわき起こるパニックに骨の髄まで貫かれたものは、その体験を次のものに伝え、その情報は多くの世代を超えて伝達されていくことだろう。

そのような伝達は、言語を介在せずともなされうることが確かめられている。《ヴェルト》紙が二〇一〇年に報じているように、恐怖は骨の髄にいたるのみならず、遺伝子にまで達するのだ[62]。ミュンヘンのマックス・プランク精神医学研究所が、精神的外傷《トラウマ》を受けるほどの経験をすると、特定の分子（メチル基）が遺伝子に付加されることを見出した。その分子はスイッチのように働き、遺伝子の働きを変化させるという[63]。研究者はマウスの実験を通じて、それにより行動の変化が一生涯にわたって持続する可能性を示した。またこの研究は、変異した遺伝子によって特定の行動パターンが次の世代に遺伝する可能性があることを示唆している。言いかえれば、身体的な特徴だけでなく経験も、遺伝子的なコードによって受け継がれるというのだ。さて、近しいものがひどい怪我を負ったり死んだりすること以上に、トラウマが与えられる経験など、ありえない。私たちの周囲で生きる動物たちの多くが精神的外傷を負っているのだと思うと、つらい気持ちになる。

けれど幸いなことに、野生動物と人間の共生には良い面だってちゃんとある。ここ中央ヨーロッパでも、動物と人間がおたがい平和的に生きることができるかもしれない。そんな希望を、市街地における野生動物数の増加が示しているのだ。動物界には、街にはある種の保護地域が設置されているといううわさが広まっている。実際、建物の建ち並んだ区域は、狩猟が全面的に禁止された安全地帯だといってよい。ベルリン、ミュンヘン、あるいはハンブルクのような都市と国立公園との違いは、建物が建っているかどうかだけなのだ。庭にやってくるイノシシ。彼らはもはや駆逐されずに（なぜ逃げる必要が？）、チューリップの花壇を掘り返す。路肩の斜面にそって巣穴を掘るキツネ。ガレージや屋根裏に居を構えるアライグマ。動物界の面々は、我らが文明世界のただなかで、きわめて快適な気分にひたっている。私たちにとってアスファルトや灰色の建物の並ぶさまは自然とはほど遠いものだけれども、動物の目には、丸くとがっているべき山頂が奇妙に四角く角張ってはいるものの、自分たちの生活圏たる岩山があちこちにあるのと同じように見えている。市街地は、生態学的な希少価値を持つものとして、その姿をますます露わにしつつある。いまやベルリンは世界有数のオオタカの生息地で、およそ一〇〇のつがいが生息している。彼らは街なかの公園に巣を作り、そこからウサギやハトを狩りに出かける。私自身、ベルリンのブランデンブルク門の近くで一匹のキツネを見たことがある。そのキツネ、捨てられたカレーソーセージを悠然とぱくついていたのだ。

街に住む人間がみな、野生動物とのひんぱんな接触にうまく対応できるわけではない。キツネが自分の家のテラスの前にあらわれると不安になると、ある年配の女性が話してくれた。狂犬病やエキノコックスといった言葉が頭の片隅でチカチカしはじめて、本来はすばらしいはずの自然体験を台無しにしてしまう、と。けれど、野生動物に由来する危険性はそれほど大きいものではない。狂犬病はもう何年も前に根絶され、エキノコックスは少なくとも自然界ではまれだ。ネズミからキツネにいたるエキノコックスの生活環がどのようなサイクルをたどるのか、キツネのフンがどれほど問題か、すでに述べたとおりである。感染したネズミをイヌが食べると（そしてネズミを狩るイヌはたくさんいる！）、イヌはフンとともに数千の卵を排出する。さらに自分の尻をなめてきれいにしたあとで自分の体の毛をなめれば、ホコリほどの細かい卵が家のなかに撒き散らされる可能性がある。だから、定期的に寄生虫駆除をしていないと、キツネより自分のところのイヌのほうが危険なのだ。

もしかしたら私たちは、野生動物の危険性をあえて誇張しているのではないだろうか。そうやって危険を煽らないと、恐れるものがなにもなくなってしまうから。ひょっとしたら古くからある本能のシステムが、その力を発散すべき「危険なもの」を求めているだけなのでは？

子どもを連れたイノシシの場合は、危険性という点ではちょっとようすが違う。ベルリンのダーレム地区に住む知人の話によれば、イノシシは大きな音で手を叩いても庭から出ていこうとしない、街なかではそれ以上のことはできない、とのこと。

ヒトの近くで過ごすうちに親しくすべき相手をえり好みするようになった種に、大きな猛禽類であるトビがいる。かつては狩猟の対象として追われていたが、保護されるようになってからは人間の近くに好んでとどまるようになった。なかでも、トラクターを所有している人間の近くに。夏に牧場で草刈りがはじまると、トビは農場主の仕事から利益を得るのだ。というのも、重量のあるトラクターは草を刈るだけでなく、たくさんのネズミやその他の小動物を涅槃へと連れ去ってしまうから。いやな感じの話だし、実際いやなことではあるけれど、でもトビにとっては文字どおり棚からぼた餅なのである。トラクターが牧草地へやってきて作業がはじまるやいなや、ここヒュンメルでもかの威厳ある鳥が姿を見せる。一メートル六〇センチの翼長を駆使し、轢《ひ》かれてぺちゃんこになったネズミや押しつぶされたノロジカの子どもはいないかと、低空飛行しながらトラクターの背後を追いかける。

あまり歓迎されていないのは、テンだ。ほんとうにきれいな動物なのだけれど。建物の建ち並ぶ地域では捕獲されることがないし、野や森でも以前はふつうだったワナ猟が行われなくなったので、テンたちは私たちへの恐怖心をすっかり失った。以前、親を失ったテンの子どもを育てたことがある。その子は撫でられてもじっとしていて、撫でられながら喉を鳴らすような声をあげた。まるで、気分が良いときのネコのように。はじめは缶詰のエサを食べさせていたが、野に放したとき生きていけるように、朝食にネズミをやるようにした。するとすぐにその子は野生をあらわしはじめ、手袋をしないとつかむことができなくなった。けっきょく私たちは彼を入れたケージのドアを開け、いつ私たちのところを去るか、その決定を彼自身にゆだねることにした。三日後にはもうケージの主はいなくなり、それ以降は姿を見ていない。けれど、彼は今でも夜中に私たちの庭先を駆け抜けているかもしれない。テンは一〇年以上生きることもある動物だから。
だが、その救助活動が私たちになんらかの恩恵なり喜びなりをもたらしたかといえば、疑問なのだ。営林署官舎の前には二台の車が停めてある。一台は森で作業するためのオフロード車、もう一台はプライベートで乗る自家用車。ある日私はジープのボンネットの前にゴムホースの破片が落ちているのを見つけた。あわててボンネットを開けてみると、目に入ってきたのは悲惨な光景だった。かなりの量のケーブルやホースが嚙みちぎられていたのである。すべてテンのしわざだ。修理工場入りは避けられぬ状態だった。

でもどうしてテンはエンジンルームのなかでそんなふうに荒れ狂ったのだろうか。なぜそんな破壊衝動に襲われるのだろう？　テンは、といま書いたけれども、実は中央ヨーロッパには二種類のテンが生息している。マツテンとムナジロテン〔イシテン、ブナテンとも呼ばれる〕である。マツテンは引っ込み思案な森の住民で、木のうろのなかで寝るのを好み、起きているときは敏捷に樹冠の枝を走り回っている。一方ムナジロテンは木々との結びつきがそれほど強くなく、それ以外の地帯でも平気で暮らせる。岩山でも洞窟でもいいし、建物だっていい。建築物もけっきょくは角張った山にすぎないわけだから。好奇心旺盛なムナジロテンは獲物を求めて歩き回り、そのときにあらゆるものをその鋭い歯で齧って確かめる。けれど、エンジンルームのなかの嚙みちぎられたケーブル、ばらばらにされたホース、ひっかき傷だらけの遮音マットなどを見ると、好奇心というより際限のない怒りの跡としか思えない。そしてこの小さな肉食動物が怒りを覚えるのは、競争相手の存在を感じたときなのだ。テンは自分の縄張りを、臭腺を使ってマーキングする。臭腺は同じ性の仲間すべてにたいして、明確な「使用中」のサインを送る。ふつう仲間はその匂いによる境界線を尊重し、おたがいじゃましあうことはない。ボンネットの下はとても居心地がよいので、あなたの「家テン」は定期的にあなたの車にやってくる。ときにはそこに食糧をしまっておきもする。車載バッテリーの上にウサギのすねの部分が乗っているのを見つけたこともある。だがこうした訪問だけなら、被害は生じない。事態が深刻化するのは、車をどこか別の場所に一晩駐めておいたときだ。

その場所には別のテンがうろついていて、見慣れぬ物体を調査し、すき間を探り、そのとき匂いをあとに残していく。車がもとの場所に戻されると、あなたの「家テン」は平静さを失ってしまう。彼は思う。仲間がゲームのルールを破り、招かれざる客として自分のお気に入りの穴を使ったようだ。なんという侮辱だろう！　燃えあがる怒りのなか、彼は痕跡を消し去ろうと試み、ライバルの気配にたいして攻撃的な行動に出る。やわらかなホースは怒りの発散にぴったりで、確認作業のときのように慎重に嚙むのではなく、荒っぽく切り刻んでしまう。ときにはボンネットの内側に取り付けてある防音マットが、テンの怒りの激しさを物語りもする。ただの引っ掻き傷のときもあるけれど、私たちの古いオペル・ベクトラの場合はボロボロになって垂れ下がっていた。どうやらテンは仰向けになって暴れ回り、そのするどいつめでマット全体を引きちぎったようなのだ。だから、いわゆる「車テン」は必ずしも車が好きなわけではない。それよりもライバル憎しが勝るのだ。あなたが車を毎晩いつも同じ場所に駐めているなら、そのようなことは起こらないだろう。

テンたちをひるませるための秘策は、いまでは数多くある。小袋に入れた人間の髪の毛や設置タイプのトイレ洗浄芳香剤をエンジンルームにつるしておくのは、数日くらいなら効果のある対策だ。コショウをエンジンの上に振りかけるというのをしばらく試してみたことがあって、やはりそれも長続きはしなかった。取り付けタイプの電気ショック発生器で、プレートに乗ると電流が流れるタイプのものを使ってみたら、それはなかなか効果があった。テンが通り道にしている場所に据え付けておくと、それに触れたテンはそのあとそこを避けるようになる。それと同じほどの効果があるのは閃光を発する超音波器具で、動きに反応するタイプのもの。つねに超音波を放射しているものだとテンはじきに馴れてしまうし、連続する騒音はコウモリその他の動物種の健康を害してしまうから、やめたほうがいいと私は思う。

さてそれでは、わが家にいるペットや家畜たちはどうだろう？　彼らは私たちを熱愛し、みずからの意思で私たちの近くに居続けているのだろうか？　それとも、ひょっとして恐怖感が彼らを私たちのもとにとどまらせているのか？　柵が設置されているならば、疑問の余地はない。ウシ、ウマ、そしてわが家のヤギたちだって、厳密に言えば囚われの身である。たとえ当の動物たちが、そう感じていないかもしれなくても。ここで連想されることがひとつある。ちょっといやな連想なのだけど。それはストックホルム症候群にかかわるものだ。その言葉を生み出したアメリカの精神科医フランク・オックバーグは、一九七三年に起きたスウェーデン銀行強盗事件における、犯罪者と被害者との関係を調査した。三二歳の強盗犯にたいして、子どもが母親に抱くのと同様な感情が人質たちのなかに芽生えたという。反対に、警察や裁判所にたいしては憎しみを感じた。このようなパラドキシカルな展開は同じような多くの状況において典型的に見られ、極限状況を多少なりとも無傷にやり過ごすための心的な防御反射だと考えられている(64)。

動物が人間と同じような繊細な心を持っているとしたら(私はその前提で考えている)、やはり同じような戦略を発展させているのではないか。捕らえられた彼らは、私たちをすぐには信頼せず、まず不信感を抱きつつ距離をとる。そしていくらか時間がたつと、牧場のほうへ歩いてくる私たちを遠くにみとめて、うれしそうにあいさつの声をあげるのだ。ぞっとしない話だろうか? ヤギやウマたちが柵のなかに一生のあいだ囚われること、それは自然が彼らに用意したもののなかに含まれてはいない。ごまかすのはやめよう。動物たちは、もしそうできるなら、とっくの昔にどこかへ走り去っているだろう。けれども、もし実際に彼らがある種のストックホルム症候群にかかっているのだとしたら、それはひとつの選択肢として最良のものかもしれない。というのもその場合、彼らは自分たちの運命を、不快なものと感じることなく受け入れるであろうから。

わが家のヤギやウマたちは、私たちの近くにいるのがあきらかに好きだ。牧草地での作業中に、それはたびたび実感する。私たちの姿を目にしたときのうれしそうなあいさつの声は、もちろんエサやりとも関連しているだろう。とすると、私たちはたんなるエサ運び人として熱烈歓迎されているわけか……。

イヌやネコの場合は、事情はちょっと違うように見える。けれどやはり関係の最初の部分では、人間との結びつきは非自発的なものだ。人間に馴れるまでは、家に連れてこられて数日間を拘禁下におかれたり、散歩をするときにリードにつながれたりするわけだから。つまりそこで起こっているのは、完全な自由意志での順応ではない、ということである。しかしそのあとイヌやネコは自由を取り戻し、さっさと逃げ出すことだってできるようになる。だが、彼らはそうしない。さらにすてきなのは、捨てられたイヌやネコがある人間をあらたな飼い主に選ぶことが、まれとはいえあることだ。その関係は強制をともなわないし、真のパートナーシップが可能だということを示すものでもあるだろう。

ところでそのような関係は、人間と他の動物とのあいだだけでなく、異なる動物種のあいだにもある。オオカミとカラスがそのようなペアを作ると教えてくれたのは、オオカミ研究家のエリ・ラーディンガーだ。彼女によれば、カラスはオオカミの群れといっしょに暮らすことを好み、オオカミの子どもはその漆黒の鳥と遊ぶのだという。そしてたとえばグリズリー〔ハイイログマ〕のような大きな敵が近づいてくると、カラスは四つ足の友人に警告を発する。オオカミはそのお返しとして、羽を持つパートナーに自分たちの獲物をお裾分けするのである。

# 上流社会

『ウォーターシップ・ダウンのうさぎたち』を読んだことがおありだろうか？　イギリスのとある伯爵領に暮らすウサギたちを描いた、感動的な小説だ。彼らは故郷を離れてあらたに生きる土地を探し求めるのだが、たどりついた土地にもとから棲んでいた一族と、自分たちの場所を確保するまで闘うことになるのだった。さて、私たちも営林署官舎の庭にウサギの家族を棲まわせている。ヘイゼル、エマ、ブラッキー、そしてオスカーの四匹が、雨風をしのぐ宿泊所の設けられたささやかな囲いのなかで、自由に動き回りながら暮らしている。この囲いのなか、私たちは彼らの社会生活をよく観察することができるのだ。もめ事ありケンカあり、しかしそれ以上によく見てとれるのは、こまやかな愛情なのである。ウサギたちはおたがいの毛皮をなめ合い、暖かな夏の日には日陰で体を寄せ合いながらだらんと寝ころんでいる。もちろん序列はあるのだが、たった四匹では、たいしたことはわからない。

バイロイト大学教授であるディートリヒ・フォン・ホルスト博士の研究施設は、うちとは大違いである。彼は野生のウサギのために二万二〇〇〇平方キロの広さの実験用敷地を設置し、そこで二〇年間観察を続けた。病気や肉食動物が性的に成熟したウサギのうち最大八〇パーセントを奪い去ったので、ウサギの総数はつねに変動した。一方でウサギたちはネズミ算ならぬウサギ算式に増え、成体の数は多いときは一〇〇匹にまでふくらんだ。しかしこのような数の上下は、すべての「社会階層」に等しく生じたわけではない。ウサギはオスとメスがそれぞれ厳格な序列にしたがって生きている。そのときどきの地位は強固に守られるが、それにはちゃんとした理由があって、支配的な個体は繁殖を成功させる度合いがより高いのである。指導的な役割を果たしているオスとメスはより攻撃的ではあるけれども、総じてストレスは少なめだ。それは理屈どおりであって、けっきょくのところ抑圧されているものは、次の攻撃をつねに恐れながら生きるのだ。ランクの上位にいるもののホルモンレベルが上昇するのは、暴力を行使するほんの短い瞬間だけである。フォン・ホルスト教授がウサギの支配層に低レベルのストレス値を認めたのも、不思議ではない。

くわえてこの動物は異性とのあいだにかなり密接な社会的接触を持つが、それもやはり緊張の緩和に貢献していた。大人のウサギの寿命は平均して二年半だけれども、序列の違いが寿命の差と連動していることが確認されたのだ。いちばん下位のウサギは、性成熟に入ったあと数週間もしないうちに死ぬ。一方でウサギ界の上流階級にいる者たちは、七年ほども生きた。その差は、よりたくさんの食べものを得られるとか肉食獣の餌食になることがより少ないといった理由で生じたものではない。決定的なのは、おそらくストレスが少ないことだったのだ。不安感を覚える頻度が少なく、ゆえによりおだやかな人生は、腸の病気にかかるリスクの減少に結びつく。その病気は、「もぐもぐちゃん《ウサギ》」における死因のナンバーワンなのである。

# 善と悪

動物が人間より善良だ、などということはない。ときにおそろしく攻撃的になる。ほかの種にたいしてだけでなく、仲間どうしでもそうだ。それはわが家の庭をひと目見ればわかる。道に面してミツバチの群れが四つあり、花の蜜を集めようと、彼らはそこからせっせと外の風景のなかへ飛び出していく。たった一グラムのハチミツを得るためには八〇〇〇から一万の花を訪ねる必要があるのだから、なんとも骨の折れる仕事なのだ(65)。彼らが運ぶ甘い荷は、養蜂家たる私のために集めているわけではない。冬の寒さに震える群れにエネルギーをもたらすためのものである。夏に収穫が見込みどおりに得られず、蓄えが必要な分に達しないときは、収量の見込める産地はないかとあたりを探すことになる。けれど、色とりどりの花のかわりに、まったく別の場所から救済がもたらされることもある。それは、近くにある自分たちより弱い群れである。偵察員が相手の防御態勢をチェックし、たとえば寄生虫の害や農場での殺虫剤の使用によってその群れが弱っているとなれば、攻撃のラッパが吹かれる。巣箱の出入り口では必死の戦闘が繰り広げられるが、守るほうは侵略者の攻撃を短時間しか阻めない。敵軍は相手を凌駕した時点で、死にゆく闘士を踏みつけて巣の内部へと侵入していく。そして蜜房へと殺到し、蜜蠟でできたふたを乱暴に引き剝がす。たちまちのうちに蜜を吸い取りその蜜胃をいっぱいにすると、自分の巣へと飛び戻る。持ち帰るのは蜜だけでない。あそこに食べものがたっぷり蓄えてあるという、留守番の仲間へのうれしい知らせも、だ。襲われた弱い群れの巣箱の周囲では、飛来し飛び去る幾千もの略奪者たちのたてる羽音がうなりを上げる。持ち帰るものがなくなれば、しんとした静けさが訪れる。そんな光景が、ざんねんながら私の家の庭でも展開されたのである。滅ぼされた群れの巣箱のふたを取り外すと、目の前にあったのは荒廃だった。引き裂かれ細断されたハチの巣、パン屑のように地面に散らばる蜜蠟のかけら。そのあいだには、死んだミツバチ——それで、おしまい。

そして、攻撃者はそれだけで満足などしない。彼らは学んだのだ、隣人を襲えばずっと楽に生きられる、と。チャンスがあれば、別の群れに同じことをする。養蜂家としては、そんなケンカ好きなやつらはどこかに引き離しておくしか手立てはない。ふたつの養蜂箱のひとつを何キロも離れた場所に移し、そこに落ち着かせる。自然ではもちろんそんなことは起こりえないから、強い群れが同じくらいに強い群れと出会っておたがい牽制し合うまで、ゲームは続くことになる。

冬を目前にしてのそんなパニック反応が見られるのは、ミツバチだけではない。たとえばヒグマ、彼らは冬眠のための備蓄を倉庫にしまい込むかわりに、食べて自分の体に脂肪として蓄える。

秋に食べものをあまり手に入れられなかったり、年老いて食糧集めができなくなっていたりすると、事態は厳しいものとなる。ヒグマにとっても、そして人間にとっても。動物映画の監督をしている知人が語ってくれたのは、監督仲間ティモシー・トレッドウェルの、悲しい話だった。トレッドウェルはクマの友人を自認し、クマから身を守る手立てをすべて拒否していた。ある日、彼はアラスカのカトマイ国立公園で一頭の年老いたグリズリー〔ハイイログマ〕を観察していたという。そのクマはまだ、寒い季節への備えとしてじゅうぶんなほど肥えてはいなかった。サケ狩りをするだけのすばしこさを、もう失っていたのかもしれない。プロの世界では、そういうクマはきわめて危険だとされている。トレッドウェルはいつものように武器も胡椒スプレーも持っていなかった。そして、その老ヒグマは彼に襲いかかると、殺したのだ。すぐ近くですべてを見ていた彼の恋人は、ショックのあまり叫び声をあげた。この「捕食者《プレデター》コール」（獲物となる動物のあげる恐怖の叫び声で、肉食獣に狩りへの衝動を誘発する）が、おそらくさらなる獲物の存在を知らせることとなり、けっきょくは彼女もその腹を空かせたクマの犠牲となった。彼女はあとでテントの近くに埋められているのを発見される。ふたりの最後の数分のようすがなぜこれほど詳細にたどれるかというと、音声記録が残されていたからだ。トレッドウェルはその老ヒグマを撮影しようと、ビデオカメラを回していた。レンズキャップははめられていたが、周囲の音は録音されていたのである。

動物どうしの戦争の話に戻ろう。人間における戦争のような争いが見られるのは、大きな社会集団を形成して暮らしている種においてである。わが家の庭のミツバチと同じような略奪行為をおこなう種としては、中央ヨーロッパではミツバチやスズメバチ、アリの仲間などがある。それにたいして多くの鳥類や哺乳類のオスでは、単独の個体どうしがおたがいの胸ぐらにつかみかかるような争いをする。つまりは格闘だ。

ということはやはり、動物は冷酷かつ邪悪でありうる、ということだろうか？　ときにはそんな印象も受けることがある。私のオフィスには角にふたつの窓があり、そこからは営林署官舎の前に立つ樹齢八〇年のシラカバを見ることができる。その古木（シラカバは一〇〇年以上生きることはほとんどない）は時間の爪によって蚕食《さんしょく》されている。あるいは、キツツキによって、と言うべきか。五メートルの高さのところに巣穴があり、さまざまな種類の鳥によって長年入れ替わりで利用されてきた。キツツキのあとに入居したのはゴジュウカラ、そして数年後にはホシムクドリが棲みはじめた。星状の斑点を身にまとったホシムクドリは、そこでヒナを順調に育てはじめた。ある日のこと、私は助けを求めるような鳴き声を耳にした。窓から見ると一羽のカササギがいて、シラカバのほうへ繰り返し飛びかかっている。そしてとつぜん巣穴の入り口に止まると、ホシムクドリのヒナを穴から引きずり出したのだ。カササギはヒナを木の前の地面に落とすと、くちばしでしきりにつつきはじめた。私はとっさにすべての仕事を放りだし、外へと走り出た。カササギは数メートル先まで飛んで逃げ、獲物をあきらめたようす。ホシムクドリのヒナはすっかり動転していたけれど、それほどひどいケガは負っていないようだった。私はハシゴを取ってくると、ヒナを慎重に巣に戻した。そのあと追って見ていた範囲では、再度の攻撃はなかったようだ。ヒナは巣立ちへ向けて、きょうだいたちとともに過ごすことができたのだろう。

でもこの事件のなりゆきは、正しい形で進んだわけではたぶんなかった。それは、私のせいなのだ。この争いに介入する権利など、私にあったのだろうか？　たしかに私はあの小さなホシムクドリに同情してしまった。あの子が殺されるのをじっと眺めていることなどできなかった。けれどあのヒナはカササギからすれば単なる肉であって、自分自身のヒナの世話をするのにどうしても必要なものだったかもしれない。私が介入したせいで、カササギの子どもが飢え死にしていたとしたら？　ホシムクドリの子どもが巣穴から引っぱり出されたとき、瞬間的に私はカササギこそ悪だと思ってしまった。でもカササギはほんとうに悪だったのか？　そもそも、悪ってなに？　悪かそうでないかといった性質の判断は、ものの見方に左右されるのではないか？　そうだとすれば、カササギの立場から見れば私は母親か父親かが獲物を得るのを妨げた悪人だった、ということになる。すてきな白黒模様をしたカササギは、その種に属する者として非の打ちどころのないふるまいをした。でも私だって自分の属する種の典型であるわけで、ほかの人間が見ていたとしてもやはり同情を覚えたことだろう。

このような予期せぬ事件に巻き込まれたのが、種を同じくする動物だったとしたら？　自然のなかでは、異例のことではない。それはヒグマを見ればわかる。大人になる前の幼いヒグマにとって命の危険となりうるのは、オスのヒグマだ。交尾の季節が近づいてくると、オスのクマは発情期のメスを探す。しかし子連れの母クマはその気分にならない。するとオスはよく、手っ取り早い手段をとる。つまり、子どもたちを殺してしまうのだ。子どもがいなくなれば、すぐに母クマは次の妊娠の準備がととのう。それは緊急事態にたいする自然界のリアクションである。彼女たちはそれがわかっているから、すり寄ってきそうなオスとはできるだけ距離を保とうとする。別の戦略もあって、それは可能な限り多くのオスと交尾することだ。そうすればどのオスのクマも自分がそのおどけたかわいい子たちの父かもしれないと考え、母と子にちょっかいをださなくなる。そういう行動は性的喜びからではなく実際にはメスの防衛戦略だとつきとめたのは、ウィーン大学の研究者たちである。彼らは二〇年にわたってスカンジナビアのクマを観察し、多くの子グマがオスの攻撃の犠牲になっている集団ほど、メスがそういう行動をとっていることを確認した。[66]

そんなふるまいをするクマのオスたちは、悪なのか？　悪とはそもそもなんなのだろう？　ドゥーデン辞典の定義によれば、「悪」とは「道徳的に劣る、非難すべき」ものである。もっとはっきり言えば、他者の不利になるよう道徳に背こうとする意志が、行為の背後に潜んでいること。とすれば、カササギだってクマだってそんなことはしていない。なぜなら彼らの行動は、それぞれの属する種においてありふれたふるまいのひとつなのだから。

だが、私たちがある日飼うことになった白いウサギの行動は、ありふれたふるまいなどではなかった。田舎の森や草地にいるありふれた雑種のウサギから純粋種へ乗り換えてやろうと考えて村から村へと訪ねていたとき、「ホワイト・ウィーン種《ヴァイセ・ヴィーナー》」に出会った。そのウサギは柔らかくてふかふかの毛皮と魅力的な青い目をしていて、私たちは数匹のグループを連れて帰らずにはいられなかった。営林署官舎に面した場所に広い運動場つきのすみかを与えたが、しかしおだやかで楽しげな風景は数週間しか続かなかった。ある日、ウサギ小屋のなかに入ってみると、地面の上に悲惨な姿を見つけた。一匹のメスがその耳を、ぼろきれのように垂れ下がるほど大きく切り裂かれているではないか。私たちは悲しくなり、激しい地位争いでもあったのだろうかと考えた。ところが数日たつうちに、耳を切り裂かれた哀れな仲間がさらに一匹また一匹と加わっていった。観察を続けるうちに、疑いは確信となった。ほかのものたちにそのナイフのように鋭い前足の爪で残酷な怪我をさせたのは、一匹のメスだったのである。つまり、無傷の耳であたりを跳ね回っている唯一のご婦人こそ、論理的に言ってその粗暴なご婦人なのだった。しかしそんな状況も長くは続かなかった。というのも、彼女は——許し給え——お鍋のなかに収まってしまったのだから。

さて、このウサギは悪者だったのだろうか？　私はそう思う。なぜならそのふるまいは種にとってとうぜんのものでも、道徳的に正当化できるものでもなかったのだから。さらには悪意もその背後に潜んでいた。けっきょくそのウサギはみずからの意志で行動したはずだし、そうふるまうようほかのものたちが仕向けたわけでもなかったのだ。こんな反論がありうるかもしれない。子ども時代の悲惨な体験によって精神的外傷《トラウマ》を負っていたことが、このウサギをそんな行動へと導いたのではないか、と。たしかにそうかもしれない。でもそれって、人間の悪事においても、ほとんどつねに当てはまってしまうのでは？　どんなに悪いおこないであっても、じゅうぶんに解きほぐしてみれば、行為の根拠となりかつ責任を免除しうるような過去の一時点まで、さかのぼることができるのではないだろうか。話をややこしくしないために、ここでは動物にも人間にも同じ基準をあてはめて考えたい。問題は、ある行為をおこなう決定を下すにさいして、少なくともその根本に自由意志があったかどうか、ということだ。そしてとても多くの動物が、人間と同じように、それを持っているのである。

# 砂男がやってくると

私にとって夏真っ盛りといえば、ヨーロッパアマツバメである。ツバメと似てはいるけれど、それよりずっと大きく、なによりずっと速く飛ぶ。甲高い鳴き声をあげながら、昆虫をつかまえるため、あるいはただ楽しむために、猛烈なスピードで街の高い建物のあいだをすいすいと飛び抜ける。ほかの鳥類とは異なり、彼らはそのほとんどの生涯を空中で過ごす。上空での生活に過度に適応したあげくにその脚は退化して短くなり、なにかをつかむことができるだけだ。もちろん彼らだって卵を温めねばならない。岩山や建物の壁のすき間に作られたその巣は、飛来し着陸するのが容易なように設計されている。卵を抱いているとき以外、ヨーロッパアマツバメはすべての用を飛びながら済ます。交尾でさえ、空高くでなされることがしばしばなのだ。行為中にはやはりちょっと気を失ったりするし、メスの上にオスがしがみついているのでうまく飛べなくなるしで、交尾も命がけである。落下して地面に衝突しこなごなにならぬよう、しかるべき時にぱっと離れる必要がある。

だが私が皆さんにヨーロッパアマツバメを紹介しようと思ったのは、また別の特性のゆえである。それは、睡眠だ。ほとんどの生物は（木でさえ）眠らねばならないし、鳥は眠るために安全な場所に着陸する。たとえばわが家のニワトリたちは、日が落ちるころになるとみなお行儀よく小屋へ入っていき、はしご段をとっとこよじ登り、止まり木に腰を落ち着けると、おたがい体をぬくぬくと寄せ合う。夜中になって眠りについても、落っこちてしまう心配はない。ほかの鳥もたいていそうなのだが、腰を下ろすと脚の腱が収縮し、指が自動的に曲がる。だから必死に努力していなくても、止まり木にしっかりつかまったままでいられるのである。さらに、これもほかのすべての鳥と同じく、ニワトリも夢を見る。そして人間と同様に、夜中の脳内映画たる夢に応じて、睡眠中に体を動かす。そのせいで止まり木（野生の鳥の場合は木）から落ちることになっては困るので、筋肉のスイッチが即座に切られるようになっている。そんなメカニズムのおかげで、ニワトリは夜の時間を、首を翼に差し込んでおだやかに過ごせるのだ。

では、ヨーロッパアマツバメは？　彼らは止まり木になど、けっして止まらないのである。必要以上は一秒たりとも、地面や巣にとどまっていない。眠くなれば、飛びながら寝る。眠ってしまえば自分をコントロールできなくなるから、もちろんとても危険だ。なので地面との距離をじゅうぶんとるために、旋回しつつすばやく数キロメートル上昇する。そして羽ばたかずにゆっくり輪を描きながら下降していき、その少しのあいだ、静かにまどろむ。だが時間はあまりない。

家の屋根が近づき危険が迫るその前に、しっかり目を覚まさねばならない。そんなことで彼らはちゃんと休むことができているのだろうか？　だいじょうぶ。なぜなら睡眠は動物の種ごとにそれぞれ少しずつ異なっているから。共通点は、脳が妨害を受けることなくその内部プロセスを遂行できるよう、外的な影響が遮断あるいは抑制されることだけである。人間の睡眠それ自体にも多様な眠りの深さをともなういくつかのフェーズがあって、けっして単調なものではない。あるいは、たとえばわが家のウマたちはいわゆる熟睡をあまり必要としない。たいてい数分でじゅうぶんで、そのあいだは力尽きたかのように地面に横たわる。夢の世界に深く入り込み、なにも感じず、まるで想像上の大草原をギャロップしているかのように脚をばたつかせながら。それ以外は、ヨーロッパアマツバメと同じように、一日に数時間、立ったままうとうととまどろむだけだ。

動物も眠ること、それ自体は自明のこととしてよいだろう。小さなミバエですら、睡眠を取る必要がある。ウマと同じく、脚をばたつかせながら彼らは眠る。エキサイティングなのはむしろ、どのように眠っているのか、だ。とくに興味を惹かれるのは、次の問いである。動物たちは、どんな夢を見ているのだろう？

夢という夜のあいだの思考の旅は、人間では主にいわゆるレム睡眠において起こる。レムとはRapid Eye Movement、つまり「急速眼球運動」のことで、閉じたまぶたの下で目が動いている状態のこと。そのときに起こされると、見ていた夢をほぼつねに思い出すことができる。動物の多くの種で同様の眼球運動があり、身体に比べて脳の割合が大きければ大きいほど、その動きは多くなる。だが動物たちはなにも話してくれないので、彼らの頭のなかで起こっていることを理解するには、別の手立てを講じなければならない。ボストンにあるマサチューセッツ工科大学の研究者たちが調べたのは、ラットである。彼らはラットが迷路のなかで熱心にエサを探しているあいだ、その脳波を測定した。次に、その結果を睡眠中の波形と比較してみた。すると明確な類似性が認められたのである。研究者たちはデータをもとに、眠っているラットが夢のなかで迷路のどの場所にいるのかさえ見て取ることができた(67)。

夢の存在は、すでにネコで一九六七年に間接的な形で見出されている。リヨン大学のミシェル・ジュヴェはネコに処置をして、睡眠中に筋肉の脱力が生じないようにした。ふつう私たちの身体は、夢を見ているあいだにじたばたと暴れたり、目を閉じたまま寝室を歩き回ることのないように、随意運動のスイッチを切っている。逆に言えばそのような遮断のメカニズムを必要とするのは、夢を見るものだけである。このメカニズムが働かないようにすると、夢を見ているものがそのとき体験していることを、当人以外の第三者も目の前で追うことができる。処置されたネコをジュヴェが観察すると、ネコは深く眠りながら、怒りで背中を丸めたりフーッとうなったり、歩き回ったりしたのである。ネコが夢を見るということは、これで立証されたと考えてよいだろう(68)。

では、動物界の系統樹において私たち哺乳動物からはるか遠く離れた昆虫を観察してみると、なにが見えてくるだろう？　あんなに小さな頭のなかに夢のたぐいが生じうるものなのか、あれほど少ない細胞でできたハエの脳が睡眠中に映像を産出できるのか？　そう、あの少しばかりの細胞の塊は、これまで私たちが考えていた以上のものを生み出せる。そのことを示す徴候が、いまや実際に見出されているのである。すでに言及したように、ミバエは睡眠に入る直前に脚をばたつかせる。そして脳は睡眠のフェーズにあるあいだ、きわめて活発に活動している。それは哺乳動物の場合とそっくりだ。つまり、ミバエも夢を見ている？　ミバエの身体的反応は、そのことを示唆している。けれども、その小さな頭のなかにどんな映像がスパークしているのか、今のところは推測するしかない[69]（ひょっとして、熟してぶよぶよになった果実の夢、とか？）。

# 動物の予言

正直に言おう。動物には第六感があると聞くと、それはどうかな、とずっと思っていた。たしかに個々の感覚が突出してすぐれている動物種は多い。でもそれは、事実上感知されえない自然災害の兆候を捉えるほど強力なものなのか？　けれどそのうち私はこう考えるようになった。この第六感とやらは、大自然のなかで生きのびていくために欠くことのできない手段なのではないか。文明の人工的な環境のなかに生きる私たち人間にとっては、完全に失われたわけではないけれども、埋没してしまっているものなのではないか。

埋没している、という言葉に誘われてみよう。火山の爆発的噴火において、生きながらに埋められること。そんな目にあいたいものなど、誰もいないはず。そしてヤギたちは、どうやらそれに特別な不安を抱いているようなのだ。発見したのは、マックス・プランク鳥類学研究所のマルティン・ヴィケルスキ教授。ヤギの能力と火山噴火との関係について分析するために、彼はシチリア島のエトナ火山に棲むヤギの群れにGPS発信器を取りつけた。すると、まるでイヌにでも脅されたようにとつぜん動揺する動きを示す日が、数日確認された。彼らはあちらこちらと走り回り、茂みや木の下に逃げ込もうとした。そして、必ずその数時間後に火山の比較的大きな噴火が起こったのである。より小規模な噴火のさいには、そのような早期警戒行動は確認されなかった——なぜそんな行動を？

ヤギたちは、大きな噴火が起こることをどのように感知するのだろう？ それにたいする最終的な解答を、研究者は残念ながらまだ知らない。噴火に先行する、地面から立ちのぼるガスだと推測されてはいる(70)。

当地ドイツの森に棲む動物たちもまた、そのような危険に気づくことができる。火山活動は中央ヨーロッパにおいて大きな研究テーマのひとつであり、そのなかには私の暮らすアイフェル山地も含まれる。ここでは古い火山が数多くそびえ立ち、比較的若い火山があいだに点在する。たとえばラーハ湖を作った火山などは若いのだが、それは最後の噴火が一万三〇〇〇年ほど前で、いつでも再噴火の可能性があるほどの「若さ」なのだ。当時、一六立方キロメートルの岩や灰が上空まで飛び、石器時代の集落を埋め、スウェーデンにいたるまでの昼の空を暗くした。今日の人間がそのような事態に出くわす確率は少ないとされてはいるが、その危険性は真剣に考慮すべきものだ。

わがアイフェルで研究の（正確には数人の研究者の）焦点があてられたのは、ヤマアリである。

デュースブルク＝エッセン大学のウルリヒ・シュライバー教授を中心としたチームは、たいへんな労力をかけ、アイフェルの山々において三〇〇〇を超えるアリ塚をマッピングした。その結果、アリ塚の配置と地殻中の裂け目とのあいだに明確な関係が示された。地殻中の裂け目の活動は火山の噴火や地震を引き起こす。そんな不穏な線の交点に、数多くのアリ塚が集中していたのである。そこでは周囲の空気とは明確に異なる組成のガスが大地から立ちのぼっている。そのガスをアカヨーロッパヤマアリは好み、そうした場所に住居を優先的に作る。(71) 活発に動き回るアリたちでいっぱいのかわいいアリ塚を森のなかで目にすると、私はこの研究のことをいつも思い出すようになった。なぜアリがそういう場所を好むのか、やはりまだよくわかっていない。いずれにせよ、彼らがガス濃度のほんのわずかな違いを、ヤギと同じく嗅ぎ分けられるのはあきらかだ。同様の現象にかんする報告は、世界中で無数になされている。

だとすると、動物の感覚は人間よりも根本的に勝っているということだろうか？　もちろん個々の感覚を見れば、かなりの能力を発揮する種は多い。ワシは人間よりよく見えるし、イヌはよく聞こえ、よく嗅ぎ分ける。それでも総合的に見れば、私たちの感覚もほかの種の平均とそれほど変わるものではない。ではどうして私たちは、ほかの動物種とは違って、周囲の環境の変化をこれほど少ししか知りえないのだろう？　思うに、私たちの現代的な居住環境、労働環境が刺激の洪水にみまわれていることにその理由はある。たとえば、匂い。その大半はもはや森や草原からではなく、車のエグゾーストパイプやオフィスのプリンターの排気、あるいは体につける香水やデオドラント剤からやってくる。人工的な香りがもたらす刺激の洪水は、自然由来の匂い物質を覆い隠してしまう。けれど田舎に行って自然のなかを歩くと、景色は違ってくる。わが家のあるあたりでは、ツーサイクルエンジンの臭い排気ガスをもうもうと吐くミニバイクの匂いを、五〇メートル離れたところからでも感じ取ることができる。雨が降れば森の大気にキノコの香りが加わり、数日後にはたっぷりの収穫が期待できると告げる。

鵜の目鷹の目――視覚にかんしても事情は同じである。若くてパソコンの前に長く座っている人、あるいはスマートフォンでネットを見ている人は、ほとんど外で過ごしている子どもよりも、近視になりやすい。マインツ大学の研究が最近あきらかにしたところによると、近眼はいまや二五歳から二九歳までの若年層では半分弱にまで増加している[72]。遠くを眺める力を私たちは失っているのだろうか？　眼鏡があるのは幸いだけれども、ナチュラルな視力の悪化が進んでいることは徴候的に思える。私たちは生まれつき、自然のなりゆきにたいしてほかの動物と同じくらいに敏感であるような条件を備えているのだろう。だが現代生活が、感覚をひとつまたひとつと鈍くさせているのだ。私の耳も、もはやベストなものではない。周波数の多くの部分が、かつてのディスコ通いか射撃練習の犠牲になってしまった。けれど、希望はきっとある。

だめになってしまった器官はたしかにもう修復されないが、私たちの脳はその多くを埋め合わせる力を持っている。ひとつ良い例を挙げよう。私にとって、毎年渡ってくるツルがそれである。私はこの鳥がやってくる音を、遮音されたぶ厚い窓をとおしてさえ、はるか遠くから聞くことができる。季節の交代を告げるこの使者を、私はなんど楽しみに待ったことか。ほんのちいさなしるし、いやむしろ、予感があれば事足りる。玄関先に出て、遠くにV字編隊が飛んでくるのを眺める。それはこの章のテーマである動物の早期警戒システムとかかわってくる。というのも、ツルはゆるやかな追い風に乗って飛ぶことを好むので、つまり渡ってくるツルははるか遠方の天気を告げる存在なのである。彼らが秋に北から飛んでくる。するとひどく冷たい北風が吹いてくる。もしかしたら最初の雪をもたらすかもしれない。逆に早春に大群をなして姿をあらわせば、それは繁殖の季節がはじまる合図となる。スペインの越冬地域では暖かな南風が北へと吹いていて、その風がこの地で気温を上昇させるのだ。

いま現在の気温でさえ、聴覚をとおしておおざっぱに見積もることができる。そんなことできっこない？　でも実際はきわめて単純なことで、気温の算定をたすけてくれるのはバッタやコオロギである。彼ら変温動物は一二度以上になってはじめて演奏会をはじめ、気温が高くなればなるほど、鳴き声は早くなるのだ。いや気温なんて自分の肌のほうがよっぽどよくわかるのでは、という反論もあるだろう。それはそのとおりだけれど、たとえば体を動かしたあとでは、体の内部から発する熱が加わるために、感じ取るのは難しくなる。

耳と同じく、目だって鍛えることができる。近視や遠視、乱視などは眼鏡をもちいれば矯正できる。けれどももっと重要なのは、脳の反応だ。脳は、聴覚においてと同様に、特定の変異にたいしてその感受性を研ぎ澄ます。私はノロジカを視界の端にとらえるが、それは通常の木々の緑の状態からのちょっとしたずれを感じることによる。キクイムシにやられたトウヒが目にとまるが、それは隣接する木々の健康な樹冠との明確な違いが視野に浮かび上がる前に、ごくわずかな色の変化を感じることによる。顔にあたる、天気の変わり目を告げる風向きの変化。空を雲が覆いはじめるのを予告する小さな雨粒（強い雨にはならない）。遠くのほうで死んで朽ちていく動物の死体を示す、いつもとはほんのちょっと異なる匂い。それらがピースとして集まることで、ひとつのジグソーパズルの絵柄が見えてくる。それは周囲の環境やその危険を、あまりじっくり考えることなしに、つねにアクチュアルに提供してくれる。天候の変化に敏感な人間なら、青い空に最初の雲があらわれるずっと前に、その出現を予言することができるはずだ。そのような鋭敏さがなにに由来するのか、科学の結論はまだ一致していない。たとえば細胞膜上の伝導率の変化によるのかもしれない。だが理由はどうであれ、それは機能しているのである。日々あらゆる刺激にさらされている未開の人々が、どれほど徹底して森や野にある情報を読み取っているか、考えてみるとよい。自分の感覚をそうやって鍛えることは、私にとっては日常の時間のほんの一部にすぎない。だが動物では、それが生のすべてなのだ。彼らが自然の危険をずっと的確に予知できるのも、不思議ではないだろう。

もし動物がそれほどに繊細な感覚を持っているとするなら、気候の予言にかんしてはどうだろう？　次の冬が厳しいものになるかどうか、動物は知覚することができるのだろうか？　年によっては、リスやカケスがとくべつたくさんのブナやナラの実を地中に埋めているのが観察される。

それは長く続く雪の多い時期を切り抜けるために先を読んで賢く行動しているのだ、という推測は、残念ながら間違っている。彼らは木々が提供してくれる有り余るほど豊富な食べものを、理屈抜きに利用しているだけである。ブナやナラはだいたい三年から五年おきに同時に花を咲かせるが、この開花はたいてい、雨の少ない厳しい夏のあと、その次の春に起こる。つまり収穫の恵みは乾いた夏の一年遅れで生じるのであって、リスやカケスの熱心な蒐集作業も同じことなのだ。けっきょく観察できたのは、残念ながら予知ではなく前の前の夏の「後知」なのだった。

長期にわたる季節の予測は、動物にはできない。けれど短期の天候の変化に目を向けるなら、また違った様相が見えてくる。この話題で私がよく持ち出す動物は、ズアオアトリだ。この鳥はそのドイツ名「ブーフフィンク＝ブナのアトリ」が語るように古い広葉樹林で暮らすのを好むが、それとは林相の異なる混交森にもいる。オスは美しいメロディーでさえずり、そのリズムは「ビン・ビン・ビン・イッヒ・ニヒト・アイン・シェーナー・フェルトマーシャル？——ねえ、ねえ、ねえ、私、すてきな元帥じゃない？」だ、と大学時代に習ったものだ。この歌は、よい天気の時にだけ聞くことができる。暗い雲があらわれ、さらに雨でも降りはじめれば、単調な「レーッチュ」という鳴き声が聞こえるばかりとなる。不穏を感じ取るとズアオアトリはその歌声を変えるが、日々受け持ち区域を見回るさいに気づいたのは、人間の姿を見ても彼らは反応しないということだ。どうやらアトリは、人間があらわれることよりも、近づく雷雲の背後に太陽が隠れてしまうことのほうに不安を感じるようなのである。

では、最初に不穏な変化に気づき、それを皆に鳴き声で注意喚起する個体から、残りのズアオアトリたちはどんな恩恵を受けているのだろう？　自分で上空を見上げ、悪天候をもたらす前線を見やることはできないのだろうか？　古いブナの森の、厚く重なった葉の覆いのもとでは、なかなかそうはいかないのだ。気づくのはせいぜい、いくらか暗くなってきたなということくらいである。近づく災厄を感知できるのは、巨木が倒れ空への視界が開けたところ、その間隙から、あるいはうんと上のほう、樹冠のなかからだけなのだ。すべてのアトリが今いる場所から「見通せる」わけではない。だから、ある一羽による警告はおおいに意味がある。

# 動物も老いる

動物も年齢が増すにつれあれこれ体に不具合が生じてくることは、広く知られている。では、ゆっくりと体が弱っていくとき、彼らの頭のなかにはなにが生じているのだろう？　減りゆく身体能力は自覚されているのだろうか？　それは学問的に直接答えられるような問題ではないけれど、ここでも観察を通して近づくことはできる。ウマは高齢になると、さまざまな不安が生まれ増していくらしい。そしてそれにはじゅうぶんな理由がある。すでに書いたようにウマはふつう立ったままで上手にうたた寝ができるし、そのために特別な形の膝関節さえ持っている。筋肉に力が入っていないときはかみ合って固定され、膝が折れるのを防ぐのである。後ろ脚の一方に体重を乗せているあいだ、もう片方はひづめの先だけを地面につけている。そのとき前脚にはあまり体重をかけず、二本ともまっすぐ伸ばしたままにする。そうやって数時間のあいだまどろむが、それはちゃんとした眠りではない。体調よく元気でいるために、私たちと同じくウマも真の熟睡を必要とする。それには脚を伸ばして横向きに寝そべる必要がある。夢の世界へ入っていくと、脳の活動は高まり、ひづめがぴくぴくと動く。ときには下唇も動く。まるで寝ながらヒヒンといなないているか、なにか食べようとでもしているように。眠りが去れば、ふたたび立ち上がらねばならない。五〇〇キロほどもある体重と比較的長めの脚では、それはかなり体力を消耗する。まず前脚を立て、弾みをつけてから、後ろ脚も立てる。

このように弾みをつけて重い体を起こすことは、年老いたウマには難しい。ゆえによく観察すると、横になることにウマがまさしく不安を感じているのが見て取れる。ちゃんと横になって体を休めたいと思っても、用心のために立ったままでいる。まどろむことでとりあえず満足する。きちんと睡眠をとらなければ体力の蓄えはますます急激に減ってしまうのだから、それはよいことではないに決まっている。けれど、自分が命の危機に直面していることを、ウマはちゃんとわかっている。立ち上がれなくなったものは、内臓が機能しなくなり（あるいは肉食獣が通りかかり）、遠くない日に死を迎える。起き上がる困難さはゆっくりと増していくので、熟睡のフェーズもゆっくりと減っていく。わが家の二頭のメスのウマを観察していると、二三歳の年上のほうは、三歳若い相棒よりも横になることがはるかに少ない。不安が勝利をおさめるときが、いつかやってくるだろう。そうなれば生の残りを、夢を見ることなく過ごすのだ。

年老いたメスのシカでも、同じような変化が見られる。筋肉量が減り骨張った見かけになるにつれ、行動もまた変わっていく。皆さん冷静に聞いていただきたいのだけれど、シカは不機嫌になり、口やかましくなるのである。でもそれも不思議はない。おそらく彼女たちはかつて群れを率いた、称えられるべき女王だったのだから。シカは年老いてもまだ妊娠できるのだが、生まれた子ジカは体が弱い。長年にわたって使ってきてすっかりすり減った歯では、年老いたメスジカは食べものをしっかりとかみ砕くことができず、栄養が足りなくなる。それに応じて乳房が作る母乳の量や脂肪含有量もとぼしくなり、ゆえに子どもも同じように栄養不足となる。そういった子が病気や肉食獣の犠牲となりがちなのも不思議ではない。さらに前に書いたように、その老ジカの群れのなかでの地位は下がっていく。皆さんだって、このような状況ではやはりたえず不機嫌になってしまうのでは？

動物における認知症というテーマについては、まだほとんど研究を目にしたことがない。動物への医学的ケアは人間へのそれと歩調を合わせて進歩するから、少なくとも家畜やペットは前よりずっと長生きをするようになった。わが家にいたメスのミュンスターレンダー犬マクシが、そのよい例だ。彼女はいつも最善のエサを与えられ、感染症にかかれば獣医に連れて行かれ治療を受けた。歯を丈夫に保つため、歯石もそのとき取ってもらった。一二歳のとき、マクシはよろけるようになる。診断は早かった。卒中の発作だったのだ。私たちにとっては痛烈な打撃だった、いつもは敏捷なイヌに、とつぜんその生の終わりが迫ってきたのだから。だがしかるべき投薬と注射が劇的に効き、マクシは回復する。彼女はその種にふさわしい長さの生をじゅうぶんに生きた。そして年を重ねるごとに、さまざまな能力や感覚をゆっくりと弱らせていった。そしてあるとき、彼女はとつぜん声を失う。わずらわしいどころか大好きだったあの吠え声は、そのときから過去のものとなってしまった。それに歩調を合わせるように聴力とも別れを告げた。視覚でしかコミュニケートできなくなったのは、少々やっかいだった。いずれにせよ、マクシはまだみずからの生を享受していた。しかし最後の年、ついに頭のなかのロウソクが尽きていく。最後には私たちのことがわからなくなった。さらに、何時間も寝カゴのなかをぐるぐる回りはじめた。横になろうとしているようなのに、そうする気配はまったくないのだ。食べる量が減ってひどく痩せ、さらには悪性腫瘍が見つかって、私たちは暗澹《あんたん》たる気持ちに沈みつつ、獣医に頼んでマクシを楽にしてもらったのだった。

彼女の後釜に座ったオスのコッカースパニエル、バリーもまた、その一五年の生を同じような段階を踏みつつ駆け抜けた。知的能力の喪失に加えて失禁もするようになり、私たちの仕事とカーペットクリーナーの消費量を膨大に増やした。

いまでは、専門用語で言うところの「認知機能不全症候群」のための治療や薬剤がある。思うに、少なくとも高等動物はすべて認知症になる可能性がある。ネコ愛好家が愛するネコにかんして同様のことを報告しているし、研究者はペット動物の脳に人間の患者と比べうるような沈着物質や変異を見つけている。ペットだけでなく、たとえばわが家のヤギの群れのなかにさえ、認知症になったものが一頭いた。そのヤギは方向感覚を失い、ある日私の息子が熱心に探した結果、森のなかの小川に安らかに横たわっているのを発見されたのだった。

大自然のなかでそのような状況が観察されることはほとんどない。認知症の動物がいれば、肉食獣の手頃な獲物となってしまうから。彼らは群れから離れ、自分の無防備さを周囲に知らしめる。頭の調子が戻らなくなってしまったものは、無慈悲に選別され捨てられるのだ。猛獣だってもちろん同じ目にあう。彼らはほかの動物の餌食にはならないにしても、飢えて死んでいくしかない。

しかし、生の終わりに近づき、かつ頭がまだ完全にその機能を果たす力を保っている場合は、どうだろう？　迫りくる終わりの時を見つめ続けることになるのだろうか？　自身の逝去を予期できる人間は、多くはないがけっして少なくもない。病気で死の時がほぼ週単位で予測されるのであれ、歳をとり疲れ果て、単純にもうこれ以上生きていたくないと思うのであれ、彼らにとって死は予期せぬ出来事ではない。多くの動物においても、それは同じである。わが家の高齢のメスヤギたちは、静かに死んでいくため、死の直前にみずから群れから離れていった。群れから去るには、その時が来たとわかっていなければならない。放牧地の人目につかない一画、あるいは暑い夏の日中は使われない、屋根だけの小屋へと赴く。ヤギはそこに横たわり、おだやかに死んでいく。

おだやかな死だと、どうして知っているのかって？　死んだ動物の姿勢からわかるのである。たとえばわが家の人気者ヤギだったシュヴェンリはくつろいだ態勢で腹ばいになり、力の抜けた脚がその下に折りたたまれていた。ヤギというのはふつう、そんなふうにリラックスして眠るのだ。それにたいして死が苦痛に満ちたものだと、地面はばたつかせた脚で掘り返され、体は横向きになっている。首はうしろへ反り返り、舌が口からだらりと垂れていることも多い。最後の瞬間に苦しんだことが、その姿勢からわかるのである。われらがシュヴェンリはそうではなかった。彼女はみずからの死をあきらかに予感し、安らかにこの世を去ったのだ。

そのような行動は私たちにとって別れを容易にするが、野生動物の群れにとっても利点がある。年老いて弱った動物は危険を生じさせるのだ。彼らは動きが鈍く、ゆえに肉食獣をひき寄せる。ふさわしい時期に群れを離れることによって、自分以外の、より若い仲間が餌食になるのを防ぐのである。

# 見知らぬ世界

自然を見ると、おだやかで調和のとれた世界だと感じることが多い。それゆえ自然は牧歌的で、私たちの心をなごませる。カラフルなチョウが花ざかりの草原をひらひらと舞い、シラカバの白い幹が灌木の上にそびえ、その枝を風に揺らせている。混じりけなしの安らぎ、くつろぎ。だがそれはひとえに、人間にとって自然には危険がもうほとんどないからである。けれども、その自然のなかで生きているものたちにとってはそうではない。だからこそ、彼らは田園風景をまったく別の目で見ているのだ。

チョウとガを観察すると、大きな違いがふたつあるのに気づく。チョウはすてきにカラフルだ。たとえば、クジャクチョウ。その翅には大きな目の形を模したきれいな色の模様があって、鳥やほかの捕食者をひるませる。さらに体や翅に生える毛は薄く、攻撃者にたいして翅の模様をくっきり鮮やかに見せる。それにたいして、ガのまとう模様は単調だ。彼らのお気に入りは灰色や茶色だが、それは昼に樹皮や枝に止まってまどろみながら、夕暮れがやってくるのを焦がれて待つからである。日中彼らは動きが鈍く、そのするどい目でどんな色の違いも見分けてしまう鳥たちの格好の餌食となる。止まるべき木をもし間違えて、翅と樹皮の色が合っていなかったら、たいへんだ。そうなれば次の日が、あるいはガにとっては次の夜が、やってくることはもはやない。

人間がその活動によって変えてしまった世界にさえ、生きのびるために動物たちは適応していく。たとえば白地に黒のまだら模様をその翅に持つ、オオシモフリエダシャクの例を見てみよう。その翅の色は、開長五センチほどのそのガが止まって翅を休めるシラカバの色だ。だがイギリスでシラカバが白かったのは、およそ一八四五年くらいまでである。その後、過熱する工業化で大量の石炭が燃やされ、その結果たくさんの煤《すす》が大気中に放出されたため、樹皮は黒くべとべとした皮膜で覆われた。かつてきわめて巧妙にカムフラージュされていたガが、いまやはっきりと目立つようになって、その結果として数十万匹もが鳥に食べられてしまったのだ。ただし、数少ない外れものをのぞいて。以前から存在はしていたその外れものは、黒いヒツジさながらに暗い色の翅をしていた。これまでそれは、ほぼ死刑宣告に等しかった。だがここで大逆転が起こって、黒い個体こそが勝者となる。その結果、数年もたたぬうちにほとんどのオオシモフリエダシャクが黒くなったのである。だが一九六〇年代終わりに立法化された大気環境の浄化保持措置によって、ゲームの流れがふたたび変わる。シラカバはまたきれいになり、白い色を取り戻した。一九七〇年の《ツァイト》紙は、ほとんどのガの翅の色がふたたび白くなったと報じている。[73]

けれども夜になれば、文字どおりものの「見方」が変わるのだ。そこでは色は役に立たない。昆虫を食べる鳥は、夜のあいだ木々の枝で眠っているから。かわって登場するのは別のハンター、すなわちコウモリである。彼らは目ではなく、超音波を使って狩りをする。高音を発し、事物や獲物から返ってきた反響を聴き取る。空飛ぶ哺乳類たるコウモリは耳でものを「見る」ので、視覚的なカムフラージュなどまったく役に立たない。だから隠れようと思えば、聴覚から「姿を消す」しかない。でも、どうやって？　ひとつの可能性としては、音響を跳ね返さずに吸収してしまうことだ。多くのガがぶ厚い毛で覆われているのは、そのためである。その毛でコウモリの呼びかけ声を絡め取る。あるいはより正確に言えば、あらゆる方向へランダムに跳ね返す。するとコウモリの脳内には明確なガの姿のかわりに、樹皮のかけらも同然のぼんやりしたものが浮かび上がるだけとなる。

ハトもまた、私たちとはまったく違ったふうにものを見ている。彼らも人間同様に見ること中心の「目の動物」で、視覚に強く依存し、ゆえに昼の光を必要とする。しかし、私たちが生きていくなかで日々目にしている細部はもちろん、彼らはさらに別のものを空中で知覚しているようなのだ。彼らは偏光の方向、すなわち光波の振動方向が描く模様を見ている。この偏光のベクトルは北に向いていて、つまりハトは日の光のなか、あらゆるところにコンパスを見ているのである。たとえば伝書バトがはるか上空で自分のいる位置を知ることができ、いつも必ず帰り道を見つけられるのも、不思議なことではない。[74]

私たちはすでにコウモリで、音を聞くことを「視覚」に含めて考えた。だからほかの種でも、彼らがなにを感じどのような主観的世界を生きているのか知るために、「見ること」の多様性の幅を拡張してみよう。たとえばイヌの視覚はその仕組み上、人間のそれよりも少々劣っているのだけれど、それは嗅覚や聴覚によって強力に支援されてはいないだろうか。諸感覚からの印象を合算してはじめて環境世界が完全に描き出されるのだとしたら、イヌの目だけで判断したって、イヌがなにを見ているのかはわからない。目だけに注目すれば、イヌにはメガネがぜったいに必要、ということになってしまう。イヌの目のレンズは、さまざまな距離に焦点を合わせることがうまくできない。あるものが六メートルまで近づくと、ようやくシャープに見えてくる。そしておよそ五〇センチより近くにくると、ふたたびぼやけてしまう。そのすべてはおよそ一〇万の視神経繊維によって描きだされるが、一方私たちの目では一三〇万の視神経が働いている。(75)

だが私たち「目の動物」でさえ、視覚だけではじゅうぶんではないのだ。それは皆さんも自分ですぐに確かめることができる。今、話し声や道からの騒音で周囲がやかましい環境のなかにいるなら、ちょっと耳を塞いでみてほしい。するとほぼなにも聞こえなくなる――いや、ポイントはそこじゃない。周囲の空間的な印象が、とつぜん変化しないだろうか。奥行きが失われたのではないだろうか。イヌの耳は私たちの一五倍も敏感だ。とすれば、イヌは世界のイメージの認識をどれほど耳に頼っていることだろう?

それぞれの動物種が、それぞれまったく違ったふうに世界を見ているし、感じている。数十万もの異なる世界がある。そのことを考えるたびに、わくわくしてしまう。そのような世界の多くが、私たちの暮らすこの地においても、発見されるのを今か今かと待っているのだ。すでに紹介したもののほかにも、残念ながらあまりにちっぽけで目立たないのでまだ体系的に研究されていない種が、中央ヨーロッパに数千はいる。ゆえに残念なことに彼らの知覚についても、まだなにも知られていない。だって、研究費がないのだから。そういう動物たちの内面ではなにが起こっているのか、彼らはどんな欲求を持っているのか、商業的林業のもとで彼らがどれほど苦しんでいるのか。それがまだ知られていないとしたら、彼らのために保護区を指定しようなどと、誰が考えるだろう。

少なくとも私は、焦がれるほどの興味を彼らに抱いている。たとえば小さなゾウムシ。その内面ではどんなことが生じているのだろう。その仲間には、私の心をわしづかみにする種がいる。たとえば、飛ぶ力を失っている、小さなゾウのように見える体長二ミリほどのちっぽけで茶色いやつ。その毛は頭からお尻にかけて線状に生え、まるでモヒカン刈りのようだ。彼らは原生林の腐った落ち葉のなかで生きるのに適応している。原生林の際立った特徴は、ほとんど変化がない、ということである。生えているブナはとても安定した社会的共同体を形成し、たがいの根を融合させることで糖液とさらには情報も積極的に融通し合いながら、相互に支え合っている。だから嵐も昆虫も、気候変動でさえ、彼らを損なうことなどできない。そんな場所でゾウムシはのんびりと暮らし、しおれた葉をもぐもぐ食べていられるのだ。ゾウムシは原生林の生きた化石と呼ばれている。つまり古来の形態を残す種であり、その発見地は少なくとも数世紀前から存在する広葉樹林であることの指標となる。ゾウムシとしては、ほかの地に出かけていこうなんて思うわけがない。そこにいれば、翅などなんのために必要となるだろう。転地など必要ない。数千の世代が誰にもじゃまされず、そこで生まれ年老いていけるのだ。幸運なことに、私が管轄する保護区でも、そのうちの一種が発見されている。年老いるというのは少なくともゾウムシ基準の話であって、遅くとも一年後にはその小さな生きものは高齢になっているのだけれども。

翅がなければ逃げられない。そしてゾウムシは鳥とクモのなかにじゅうぶん以上の捕食者を持っている。逃げられず隠れられずで不安になれば、なにか別の打開策を考え出す必要がある。ゾウムシはどうするか。妨害があると、ただ死んだふりをするのである。そうなると、落ち葉の茶色に模様のついた体がカムフラージュになって、もうほとんど見つからない。これは残念ながら森を訪れる人間にとっても同じで、大きさが二ミリから五ミリほどでは、見つけるのにルーペが必要になるほどだ。この小さなやつらが不安以外になにを感じているのか、その研究は今もなされておらず、ゆえに推測するしかない。それでも私は、人間の関心の中心にはいないが、しかし注目に値する多くの種の代表として彼らに言及することは大切だと考えている。だって、私たちの周囲に存在する生の多様性はほんとうに驚嘆すべきものなのだから。カラフルな鳥、もふもふの哺乳類、魅力的な両生類、あるいは有益なミミズ。興味深い存在は、いたるところにいる。そして、それは私たちのアキレス腱でもある。私たちが賛美するのは、私たちの目が認識できるものだけだ。けれど動物世界の面々の大部分はきわめて小さいので、ルーペを使わなければ、あるいは顕微鏡を使わなければ、その姿を私たちの前にあらわしてくれないのである。

たとえば、これまで一〇〇〇種類以上見つかっている緩歩動物（クマムシ）はどうだろう？ 八本の脚、ぬいぐるみのような体――彼らは実際、脚の多すぎる小さなクマ、といった外見をしている。この体長数ミリの真正後生動物（と学問的に名づけられたグループにクマムシは分類されている）は、湿った状態をとても好む。だからドイツにいる種はもっぱら、同じように湿気を愛し水分をたっぷり蓄える苔のなかで暮らしている。このちっぽけな「クマ」は苔のなかを活発に動き回り、種類におうじて植物性の食べものか、もしくは自分より小さな生物、たとえば線虫などを捕食している。さて、彼らのすみかが暑い夏に干からびてしまったら、どうなるか？ 私の管轄地域では、太いブナの木の下にあるかわいらしい苔のクッションが、しばしばカサカサに乾いてしまう。そのなかのクマムシも、水分との接触を失ってしまう。すると、睡眠の極端な形、すなわち脱水しつつ縮こまる乾眠と呼ばれる現象が起こるのである。脂肪が重要な役割を演じるこのプロセスを生きのびるのは、栄養状態のよい個体だけだ。さらに、脱水があまりに速く進んだ場合も、死んでしまう。水分の蒸発がゆっくりならばクマムシはそれに順応し、脚を体に引き寄せつつ干からびていく。物質代謝はゼロにまで減る。この状態になると、クマムシはほぼあらゆることに耐えられる。焼けるような暑さも、凍てつく寒さも、クマムシに手出しはできない。生物にあるべき活動は、まったくおこなわれなくなる。夢も、もう見ない。脳内映画の上演は、エネルギーを消費するから。とどのつまり、これは一種の死であって、だから老化も進まない。本来は短命なクマムシが、極端な場合には数十年もその状態を保つ。そしてある日救済の雨が落ちてくると苔はまた水をたっぷり含み、同時にクマムシの硬く縮こまった小さな体も水分を吸い込む。脚が伸び、体内の臓器がその機能をすべて働かせはじめるまで、二〇分とかからない。そうしていつもの生活が、ふたたびその歩みをはじめるのである。[76]

# 人工的な生息空間

地球は私たち人間によって日々着々と改変され、本来の自然からどんどんと遠ざかっていく。信じられないことに、地表の陸地部分の七五パーセントがすでに整地され、建物で埋まり、掘り起こされているのである。[77] しかし動物たちの感覚は、コンクリートやアスファルトではなく森林や湿原、ありのままの水辺の風景に適応している。人間が彼らをどれほど困惑させているか、それを人工の光を例に見てみよう。ヨーロッパでは、夜空の半分が照明によってすでに「汚染」されている。人口三万人ほどの小都市が、その周囲二五キロの一帯に不自然な明るさをもたらしているという。人工光にじゃまされない星空を、そこに住む人々は誰一人として眺めることができない。そしてそれは、住民だけではないのだ。多くの動物種、とくに昆虫は暗闇のなかを移動するとき、星を手がかりにして自分の位置を確認する。たとえばガは、まっすぐ飛ぼうとするときは月を見る。月が天頂にあり、かつ西にまっすぐ行きたいとき、彼らは月を左手に見ながら飛ぶ。

けれどもガには、庭を飾るアットホームな照明と月との違いがわからない。チューリップとバラのあいだをひらひらと飛んでいると、あちらこちらへ飛ぶうちに方向がわからなくなる。月はどこ？　夜、いちばん強い光源は、月にちがいないよね？　そこでガは、このあらたな月を左手に見つつ飛ぼうとする。けれども光の源は、残念ながら三八万四〇〇〇キロ離れたところではなく、ほんの数メートル先にある。そのまままっすぐ飛び続けると、「月」は自分の背後にきてしまう。するとガは、自分のほうがカーブを描いて飛んでいるのかと思い込む。まっすぐ飛ばねばと、かの昆虫パイロットは飛行コースを左へと修正する。「月」は正しく左にくるが、実際には照明をめぐる周回軌道にはまり込んでいる。軌跡が描く円はらせん状にどんどん小さくなっていき、ついには円の中心に行きつく。人工の月がもしロウソクならば、ジュッという音とともに、ガの命は終わってしまう。

しかしロウソクでなくても、事態は逼迫するのである。直線コースをとろうと夜のあいだ悪戦苦闘したあげく、なんどやってもたどりつくのは電球ということになると、いつかは体力が尽き果てる。ほんとうは花の蜜を吸うために夜咲く花へと飛んでいきたいのだが、貴重な時間は望まざるダイエット療法の時間に変わってしまう。そして、それでもまだまだ足らぬとばかりに、捕食者がその行動をあらたな状況に適応させつつ待ち構える。玄関先の明かりの下にオニグモが繰り返し網を張って、獲物をごっそり捕らえているのだ。ガが明かりをめぐる脱出不可能ならせん路に入り込むと、たちまちべとつく糸につかまって、網の持ち主の毒牙にかかって殺されてしまう。

野生動物にとってとくにやっかいなのが、道路である。アスファルトそれ自体はけっして悪くない。昆虫や爬虫類がその上にきて、活動温度に達するまで体を温めることができるから。黒っぽい表面は日光ですぐに熱くなり、とくに春には変温動物（自分では熱を少ししか生み出せない）が早めのスタートを切るのを助けてくれる。だがそれも、車が通りかかって日光浴を暴力的に終わらせなければ、の話だけれども。道路には、たとえばシカやノロジカにとっては、また別の魅力もある。路肩の斜面は定期的に草刈りされるので、つねにジューシーな草や芝が生えている。また、ドライバーを危険にさらさぬよう狩猟が禁じられているから、道の上はかなり安全なのだ。だから、とくに夜間、この特殊な生息空間《ビオトープ》にきわだって多くの野生動物を目にするのも、不思議なことではない。狩猟の対象となる動物の生息数の多さは、同時に残念ながら交通事故にあう動物の多さにもつながっている。ドイツの保険業界の報告では、イノシシやノロジカほかの野生動物と車との衝突事故は毎年およそ二五万件、そのうち動物の死亡例も多い(78)。

彼らには本来、学習能力が備わっているはずだ。そう、本来なら。けれどふたつの要因が、衝突事故のあらたな犠牲者を生み続けている。ひとつは、動物にだってある若者の軽率さだ。たとえば一歳のノロジカは、自分の縄張りを見つけるために遍歴の旅に出る。定住の地を持っている古参のノロジカは、せいぜい一〇〇メートルも移動すれば、新鮮なラズベリーの葉を一日中味わっていられる。一方で若いノロジカは、まだ誰のものでもない土地を見つけるまで、ひたすら移動し続けねばならない。幹線道路だけでも一平方キロメートルに六四六メートルの密度で道路が走っていれば、落ち着ける一画に行きつくまで、そのアスファルトの帯を若いノロジカはなんども横切ることになる。

ふたつめの理由は、愛である。とくにノロジカのオスは繁殖期になるとすっかり頭がおかしくなって、ひとつのことしか考えられなくなる。つまり、セックス。七月や八月、暑い夏のさなかにホルモンが暴れはじめ、魅惑的な音色が聞こえてこないかと、オスは耳をそばだてる。つがう準備のととのったメスがその鳴き声で自分への注意を喚起するのだ。猟師はその声を草の茎や葉でまねることができる（指ではさみ、口に当てて吹く）。だからドイツでは、ノロジカの発情期を「葉っぱの季節」と呼んだりもする。白状すれば、私もいちど、そうやってオスのノロジカをだましたことがある。シカ寄せ笛がほんとうに機能するのか、確かめてみたかったから。するとひかえめな最初のひと吹きで一歳の子が茂みから飛び出してきて、意中の女性はいったいどこにいるのかと、探すようにあたりを見回したのである。オスたちの感覚はすっかり鈍っているので、道の向こう側から恋のアバンチュールが誘惑していれば、道路上をちらりとも見ずに飛び出してしまう。だから夏になると、夜だけでなく日中でも、ノロジカのかかわる事故が多数発生することになる。

とすれば、私たちの街は野生の生きものにとって災いの場所なのか？　いやいや、そんなことはない。これまで書いてきたように制約や危険はたしかにある。だが同時に、とりわけ種の多様性にとって、都市は大きなチャンスを与えてくれるのだ。市街地を一歩外に出ると、畑地や牧草地が水溶性肥料の雨で溺れ死に、荒れ果てている。森では木材伐採用の重機が木を次々と切り倒し、ついでに地面を回復不能にまで押し固めている。その一方で、都市では立ち並ぶ建物のあいだにまだ損なわれていないあらたな生息空間《ビオトープ》が生まれている。荒らされた農業砂漠から数多くの種がこの避難所へと逃れてきたのも、不思議ではない。そのなかには数千種の植物も含まれている。北半球では植物の地域種、国内種のおよそ五〇パーセントが都市のなかに生息していると、科学者たちは見積もっている。都市部の人口密集地域は、生物多様性のいわばホットスポットになっているのである。動物の本なのに、なぜ植物の分布のことをくどくど書いているのかって？ 草や灌木、木々は、動物にとって栄養摂取の基盤であり、食物連鎖の出発点であり、ひいては動植物の生息環境の質をはかる重要な指標なのだ。そして動物にかんする調査結果でも、好ましいデータが報告されている。たとえばワルシャワには、ポーランドの鳥類全体の六五パーセントが生息しているという。

都市は新進気鋭の自然空間であり、火山島と比肩しうる。どちらもむき出しの姿で、不毛の地として轟音とともに海中から立ち上がり、年月を経るうちに動植物が棲み着きはじめる。そのような若い生息空間《ビオトープ》に共通するのは、いまだ長期にわたる力強い変化の支配下にあるということである。都市もまた、数十年、あるいはときには数百年たってようやく、種にかんして安定したバランスに落ち着く。だから皆さんもベルリンやミュンヘン、あるいはハンブルクにいれば、ゆっくりとした、しかし不断の変化の証人になれるのだ。そのような街ではまず、多くの外来種の植物が不釣り合いに大きい割合で根を下ろす。なぜなら住人によって庭や公園に「放たれる」、つまり植えられるから。在来種はといえば、数百年かかってようやくまた周辺地域で繁殖し、定着していく。その実例はアメリカ合衆国やイタリアで追うことができる。合衆国では、非在来種の植物の数は東から西に減少するが、それはヨーロッパ人による入植の波を反映している。かたやローマでは、非在来種の割合はたった一二・四パーセントにまで減っている。だが永遠の都ローマは、そのために二〇〇〇年以上の年月をついやしたのである。(79)

動物でも同じようなプロセスが観察できる。適応をとりわけ簡単にやってのけるのはキツネのようなジェネラリストであり、彼らはきわめて多様な生活空間に順応することができる。だがそうは言っても、動物は植物よりも多くの困難を抱えている。それは、彼らが植物よりも広い生息域を必要とし、さらにはネコなどのペットや道路交通に脅かされもするからだ。また、たとえばハトのようにひとつの種が突出して優勢になれば私たちの印象は悪いほうへと傾くし、あちらこちらで駆除が取りざたされもする。積極的に価値のある展開だと思うのは、都市での養蜂である。地方の野外とは逆に、街中では花をつける植物が夏のあいだずっと豊富に供給されるので、ミツバチの群れの数、あるいは生み出されるハチミツの量は持続的に増えていく。さらに言えばそれは、チョウやマルハナバチにとってもじゅうぶんな食べものがあるということだ。つまり都市の中心部だって、野生動物が棲めないところではないのである。ただし、動物本来の生息空間の保護から目をそらしてはならないことは、それとは別に銘記すべきであるけれど。

## 人間とともに働く

人間によって利用されている動物の多くが、屈辱的な生を送っている。無数のブタやニワトリが、工場のごとき大規模飼育場で原料供給元さながらに扱われている。動物たちはみずから進んで、嬉々として私たちのために働いているのだろうか、などと議論する必要もないことは、同意いただけるだろう。しかし実際には、目にすればおのずと喜びの気持ちがわいてくる、人間と動物とが息の合ったコンビネーションを見せてくれる例もあるのだ。私の管轄する地区では、そんな名コンビをよく見かける。それは、倒木処理にたずさわる木材搬出人とウマのチームである。いまではほとんどの木はハーベスタ、つまり伐採用機械によって切り倒されるのが標準となっている。そのような機械は重量の大きさゆえにデリケートな地面を二メートルの深さまで押し固めてしまうので、森のためにはよくない。だから私の住む地域の自治体所有林では、木材の伐採を林業作業士の手にゆだねている。切り倒された木の幹は、林道脇まで引いていかねばならない。

その作業を当地ヒュンメルでは、数百年前と同じく冷血種〔日本では重種と呼ばれる、大型で敏捷性の低い種〕のウマがやっているのだ。このウマは、進んで働いているのだろうか？　汗が脇腹にしたたるほど一日ずっと重い荷物を引いているのは、退屈なことではないのだろうか？

まず、荷物にかんして。あまり重くなりすぎないように、林業作業士は三〇メートルに達する木を最大で五メートルの長さに切り分ける。すると軽くなるだけでなく、立ち並ぶ木々のあいだをうまく抜けていくのにも都合がよい。そしてここで、搬出人の出番である。彼らのなかで自分のウマを愛していない者など、私はまだ見たことがない。ウマは搬出人にとって仕事仲間であり、むりな要求は許されない。ウマの世話には終業も週末も関係ない。だからむしろ、ウマは家族の一員として気づかうべき存在なのだ。森での作業中、飼い主はウマたちになにも起こらないよう、細かく気を配っている。放っておけばどんどん働いてしまうのは、ウマ自身なのである。彼らがどれほど仕事好きか、休みを取らされているときを見れば、よくわかる。一日あたりの生産高をじゅうぶん確保するために、搬出人が別のウマを仕事につける。すると「休憩中」のほうは、いらいらしながらひづめで地面を引っ掻いて、できればすぐにでもいっしょに行きたいようすを見せるのだ。仕事中だって、いやなら拒むことは簡単である。手綱でゆるく引かれているだけだし、その手綱も一トンを超えることもある巨体をつなぎ止めるにはあまりに弱く、またそのか細さでは一方向へむりに引っぱっていくこともできない。そう、この手綱は、ちょっとした合図を前方のウマに送るため、つながりを確保するためだけのものなのだ。あとは、「ヨーヨー、ヘイヘー、ブルルル」などと聞こえるよくわからぬ言葉を、搬出人が口のなかでつぶやくだけ。それだけで、前進なのか後退なのか、それとも脇へ寄るのか、力いっぱい前方へ行くのか慎重に行くのか、ウマは正確に把握する。

ヒツジ飼いとイヌも、同じく人間と動物との名コンビである。イヌも言葉によって指示を受ける。牧羊犬がヒツジの群れのまわりを疾走し、追い立てて群れ全体をまた一か所に集めるようすを見れば、イヌが仕事に喜びを感じているのがわかる。

「家畜」や「ペット」について語るとき、ふたつのまったく異なる視点がある。ひとつは、人間が彼ら動物を本来の姿からねじ曲げ、自分たちの欲求に完璧に順応させた、という見方。野生から人への従順さへ、スリムな体から丸々とした体へ、大きな体から小さな体へ。人間がなにを望もうが、動物は自分をそれに合わせることができる。種本来の形が、部分的にではあれ、そうやって奇妙なカリカチュアへと変えられてきた。だが一方で、それとはまったく別の見方もできる。そしてその場合の主語は、動物なのである。彼らは、私たちの感情のスイッチを完璧に作動させることができるよう、自分を変えることに成功したとも言えるのではないか。ここでふたたびフレンチ・ブルドッグのクラスティに登場願おう。獅子鼻を持つこの小さな猟犬はとてもチャーミングで、どうしてもなでたくなって、かわいがりたくなってしまうのだ。さて、ここではどちらがどちらを操っているのだろう？　エサと水は差し出され、どこか痛いときには動物病院に連れて行ってもらえ、冬になればストーブのそばにつねに居心地よい席が用意される。このおちびさんは、ほんとうに快適な暮らしを送っているのである。彼がそのご先祖さまのオオカミのようにまだ戸外で過ごしていたなら、そんな暮らしはありえなかったはずだ。

私たちは、同居する動物たちに合わせて自分の体を変えてもきた。それは乳糖耐性の例を見ればわかる。通常は乳児だけがミルクを飲むので、母親が用意するミルクは乳児向けにできている。ミルクを、正確には乳糖を消化する能力は、固形の食物へ切り替わるとともに、しだいに失われていく。いや、これも正確に言えば、かつては失われていた。というのも、家畜の飼育がはじまるとともに、大人も（この場合はウシやヤギの）ミルクやチーズを口にすることが可能となったから。有益な食物であるがゆえに、遺伝的変異により乳糖によって消化不良を起こさなくなった集団が、よりよく生き残ることになったのだ。このプロセスのはじまりはおよそ八〇〇〇年前までさかのぼることができ、そしていまだ進行中である。そのことは、中央ヨーロッパでは人口の九〇パーセントが、そしてアジアでは一〇パーセントがこの能力を備えている、という事実からわかる。ところで私たちとイヌは、研究者によって数字は異なるけれども、最大で四万年ほど前からずっといっしょに暮らしてきた(80)。では人間は、イヌとの生活のなかで自分をどうその暮らしに合わせてきたのか。その研究は、まだなされていない。

## コミュニケーション

不安、悲しみ、喜び、あるいは幸福感。動物もそれらを私たちと同じように感じているのかどうか、けっきょく私たちははっきり知ることなどできない。そのことは、すでに扱ったとおりだ。人間どうしでさえ、ある人がほかの誰かと同じことを感じているのかなんて、最終的には知りようがない。痛みのことを考えれば、皆さんもそれは認めてくださることだろう。同じような傷を負ってもほかの人よりずっと敏感に反応する人が多くいるのは、たとえばイラクサに触れて大きな叫び声を上げる人もいれば、まったくなにも感じないふうの人もいることを見ればわかる。けれど私たちは、目の前の相手の感情が実感として理解できる程度まで、言語を通じて伝え合うことができる。そこが動物とは違うところだ。

違う？　ほんとうに？　ワタリガラスにかんして、すでに名前の例で見たように、また別の「言語」が報告されている。新参者が発するあいさつでは、さまざまな高さの音色によって相手への敬意の度合いが伝えられる。それが感情をどれほどうまく表現しているか、人間の言語も顔負けなくらいなのだ。けれどコミュニケーションは音声のみでなされるものではない。人間でもコミュニケーションの主要な部分は非音声的なもの、つまり表情やしぐさなどで伝達される。どの研究に信を置くかによるけれども、音声的な言語で伝えられるのは内容のたった七パーセントだという。(81)

では、動物では？　カラスは私たちと同じく、音声だけに頼っていない。バイエルン州ゼーヴィーゼンにあるマックス・プランク鳥類学研究所のジモーネ・ピーカとそのチームが発見したのは、知能の高いカラスがそのくちばしを人間の手と同じように使うということだ。相手の注意を事物や自分に向けさせるために、私たちは指で指したり手をあげて振ったりする。一方でカラスはくちばしで物を高く持ち上げて、ある特定の方向を示したり、異性の注目を引こうとする。さらに彼らは膨大な数の音声的「語彙」や、みずから構成した一連の動作をもちいて、かなり細かい表現力を身につけている。(82)それはカラスにとって必要不可欠な能力でもあって、なぜならこれから一生をともに過ごす相手をじゅうぶん吟味せねばならないからだ。しかしこの発見も、カラスの感情生活をかいま見る小さな窓にすぎない。カラスというトリは、さらに多くの驚きをもたらしてくれる存在である。

私の営林署官舎にも、そんなふうにしぐさで合図を送ってくるものがいた。あるとき子どもたちがつがいのセキセイインコをもらったのだが、アントンと名付けられたオスは、私たちの注意を自分に向けさせることができたのである。彼はお腹が空くと、自分のエサ入れを持ち上げては落とした。カゴのなかにはほかにもおもちゃがたっぷりあったけれど、このしぐさはあきらかに遊びではなく、明確な意図を伝えようとするものだった。つまり、「ごはんを入れて！」と。

ここでまた、しぐさから言語の話へと戻ろう。イヌはただ吠えているだけではない。多様な音声を出すことで自分を表現するし、そこに細かいニュアンスを込めることもできる。その言い分を、私たちもおおまかにだが理解できる。たとえばうちにいたミュンスターレンダー犬のマクシの声から、私たちは彼女の言いたいことをちょっとだけれど感じ取った。マクシとともに過ごすあいだに、彼女が空腹なのか、退屈しているのか、それとも水入れが空になっているのか、実際に聞き分けることができるようになったのだ。さらにはわが家のウマたちも、あきらかに微妙なニュアンスを帯びた声を駆使することができた。これにかんしては驚くべき研究がスイスの研究所でなされている。ウマがボディ・ランゲージをとおしてかなり意思を疎通し合っていることは、たいていの飼い主にとってはおなじみのことだろう。カラスとは違い、ウマのノンバーバル・コミュニケーションについてはすでに多くの研究がある。しかしチューリヒ工科大学（ＥＴＨ）の研究者たちが突きとめたのは、彼ら自身も驚いたことに、一見単純に思える鳴き声のなかにさえ、それまで知られていた以上の意味が潜んでいるということだった。ウマのいななきは二声部からなり、それを駆使して複雑な内容を伝える力を持っている。いななきの基本周波数ふたつのうち、ひとつは感情の正負を、もうひとつは感情の強度を示していたのである。[83] ＥＴＨのウェブサイトの該当ページでは、ふたつのシチュエーションの異なったいななきが収録された音声サンプルを聞くことができる。(84) それを聞いてみて、そうか、私たちがやってくるのを目にしたときにうちのウマたちがあげるいななきは、あきらかに正の感情を伝えていたのだな、とすぐにわかった。まあたいていはエサを持っていたりもするわけだが、そんなことはどうでもいい。私が彼らのところに行けば、彼らは喜びの声をあげる——もしかしたらそうかな、としか以前は言えなかったことが、いまや確信を持って断言できるようになったのだ。この研究成果を読んでから、彼らの声によりじっくりと耳を傾けるようになった。時によって彼らの気分に揺れがあるのか。喜びの度合いには、多い少ないがあるのか。そうしているうちにわかってきた。そう、もちろん彼らの感情には揺れがある。私たち人間と同じように。

その研究とは別に、確信していることがある。ウマには「こまやかな愛情のいななき」もある、ということだ。わが家の年長のメス、ツィピィが私たちにすり寄ってくるとき、彼女は口を閉じたまま、小さく高い声をあげる。それによって私たちは、気分がいい、私たちといっしょにいたいと彼女が思い、その感情を「言葉で」伝えていると知るのである。

私たちは、動物のコミュニケーションのことをほとんど知らない。ウマは私にとって、それを示すよい例だ。彼らは人間の庇護のもとに数千年を過ごしてきたから、基本的にほかの野生動物よりもずっとよく研究されている。それでもこうやってあらたな発見に驚かされるのだし、しかもそれが最近のこととなれば、ほかの種の能力についてもより慎重に判断せねばと思わされる。

動物とのコミュニケーションの次のステップがあるとすれば、それは動物相互の言語を解読するにとどまらず、さらに私たちが動物と会話を交わす可能性、ということになるだろう。もしそれが実現すれば、さまざまな感情について直接動物に聞くことが可能になる。手間も時間もかかる科学的調査研究など、なしですますことができる。そして実際、それに類することがなされているのだ。その語りが人々の感動を呼ぶメスのゴリラ、名前はココ。そう、彼女は実際に「語る」のである。手段は、手話。カリフォルニアのスタンフォード大学で博士論文の準備をしていたペニー・パターソンが、その当時まだ子どもだったその類人猿を訓練した。ココは時とともに一〇〇〇を超える手話の単語を習得し、今では二〇〇〇以上の英単語を理解することができる。その能力をもちいて、ココはパターソンに自分の思考を開示してみせたのだ。動物と長めの会話をかわすことがはじめて可能になった、というわけである。ほかのサルでも訓練によって同様の結果が得られ、ココがけっして例外的な現象ではないことが示された。[85] だが、なかでもココは頻繁にメディアに登場し、感動的なエピソードとともになんども引用されてきた。あるとき彼女はぬいぐるみのシマウマを贈られる。それはなに、と聞かれると、「白」、そして「トラ」と、手話を使って答えた。どうしてゴリラは死ぬのかという質問には、間髪を容れず「問題、老い」という単語が返ってきた。[86] ココが聡明な答えをしばしば返し、またすでに知っている概念をあらたに習ったものと結びつけたので、これぞ言語の才能があるサルだ、と言われるようになったのである。

だが、大型類人猿に特化し、ココの世界を研究することがその最大のプロジェクトである組織、ゴリラ財団にたいしては、明確な批判もなされている。いわく、外部の研究者による研究結果の再検証ができず、しかもプロジェクトの結果が刊行物として公刊されていない。いわく、ココとの会話は科学的厳密さをもっておこなわれていない、ココはしばしば逆の答えを言うけれども、研究者はそれを彼女のいたずらっぽい遊びだと解釈している、と。[87] そして残念ながら私も、公にされているうちのなにが真実でなにが真実でないかを皆さんに明言することができない。しかしそれでも、動物たちは多くの場合かなり過小評価されているという私の実感は、変わらない。ココがほんとうにしゃべろうが、彼女の答えに意味があるのはほんの一部だけだとあきらかになろうが、私にとってはたいした問題ではない。だって人間と動物とのコミュニケーションと言えば、人間が自分自身の言語をほかの種に教え込もうとするばかりではないか。動物たちが多くの概念や指示を理解し、ときに私たちにわかるようになにかを発信すると、その種は知能が高いと見なされる。セキセイインコやカラス、あるいはココのようなサルが、質問にたいして人間の言語で答えると、私たちはうっとりしてしまう。でもそれは、きわめて一面的だと思うのだ。

もし私たちがほんとうに地球上でいちばん知能のすぐれた種だとするなら——私はそう思っているけれど——、科学はとっくの昔にそれとは逆の道を歩んでいてもよかった。研究の現段階では私たちより学習能力が低いとされる動物が、なぜ実験動物として何年もかけてジェスチャーを教え込まれるのだろう？　それよりも、私たち自身が動物たちの言語を学びはじめるほうが、うんと簡単なのではないか？　ほんの数年前と比べても、そのための手段を私たちはずっと多く持っている。たとえば私たちは二声部からなるウマのいななきを、ウマのレベルで発することはできない。でも今、コンピューターならそれができるのではないか。私たちの言いたいことを、個々の動物の言語へと適切に翻訳してくれるのではないだろうか。残念ながら、そのような研究がまともになされているという話を、私は寡聞にして知らない。動物の声、たとえばさまざまなトリの鳴き声をまねることができる人間はいる。けれど、クロウタドリやシジュウカラのまねができるからといって、それはトリ語で「自分の縄張りに入るな！」という意味の鳴き声だけを取り出してまねているにすぎない。オスが木のてっぺんでさえずるすてきな歌に、それ以上の意味はない。私たちの耳にとても愛らしく響くあのさえずりは、種のなかではライバルを威嚇し追い払うためのものだ。それはたとえば、オウムが人間のことばをまねて「出て行け、出て行け」と言えるようなものと思えばよい。私たちがほかの動物たちの言語を理解できるレベルは、残念ながら今のところ、せいぜいそれくらいのものなのである。

# 心《ゼーレ》はどこにある？

さて、いよいよとっておきの問題に手をつけよう。動物も、非物質的な器官としてのゼーレ〔ドイツ語Seeleは日本語では「精神」「心」「魂」などという意味を持つ〕を持っているのだろうか？　これはほんとうにやっかいな問題で、私としてはまず私たち人間自身について探ってみたい。たぶんそちらのほうが簡単だろうから。ゼーレとは、そもそもなんなのか？　ドゥーデン辞典はこの概念を、興味深いことにいくつかに分けて定義している。つまりこの言葉がなにを意味するかについて、単一の了解は存在しないということだ。定義その一、人間の本質をなす感覚、感情、思考の総体。定義その二、人間の実体のない一部分で、宗教的観念によれば死後も生き続けるもの。(88)その二は誰も検証できないので、定義その一を俎上に載せたいと思う。

動物という存在の本質をなすものの総体と言ったとき、それを感覚、感情、思考をもとにして定義できるものなのだろうか？　感覚と感情は人間以外の種にもある。それが否定しえないことは、すでに見たとおりである。では、残りのひとつ、思考はどうか。ドゥーデン辞典の（もちろん人間のみを対象とした）定義によれば、思考とは精神《ゼーレ》にとっての基本的前提である。オーケー。この能力を探ってみよう。それは簡単なことではない。思考という概念にも非常に多くの解釈があるし、しかもその説明はきわめて込み入っているくせに、実体を包括的にとらえているわけでもない。たとえばドレスデン工科大学は学生に以下のごとき説明を提示している。いわく、「思考＝心的なプロセス。そこでは事物、出来事、あるいは行動の象徴的ないし具象的代理表象が産出、変形、結合される」と。同じ文脈でもっとずっと簡単明瞭に「思考とは問題を解決すること……」などとまとめてあったりもする。(89) この定義に従えば、少なくとも私たちがその行動の意味をよくたどることのできる動物種では、思考はやはり彼らの能力の一部だと言える。自分を名前で呼ぶカラス、みずからの行動を反省し後悔するネズミ、つがいのメンドリを欺くオンドリ、浮気をするカササギ。彼らの頭のなかで問題解決のプロセスが進行していることを、誰が否定できようか？

以上を確認したうえで、ふたつめ、すなわちゼーレの宗教的な定義に戻りたいと思う。動物が宗教的な意味での魂《ゼーレ》を持っていること、それを支持する論を述べてみたい。たとえそれが凍った道を行くがごとくに足下のおぼつかぬ、危ういものだとしても、たとえ信仰と論理とはしばしばおたがいを排除し合うものだとしても。

魂の存在は、肉体の復活を信じるのでないかぎり、死後の生にとっての基本的前提である。人間に魂が存在するのなら、それは必然的に動物にも存在するはずだ。なぜか？　それに答えるには、人間がいつから天国に行きはじめたのかを問うてみるとよい。二〇〇〇年前から？　それとも四〇〇〇年前から？　あるいは人類の誕生以来？　だとしたら、およそ二〇万年前ということになる。だが人類となる以前の姿、私たちの前身と、私たちとを分かつ境目はどこにあるのか？　進化のプロセスは急激にではなく、それと気づかぬうちにゆっくり進行するものであり、その過程で小さな変異が世代を経るごとに積み重なっていくものだ。どこまでさかのぼれば、もはや魂を持った人間ではないと言える個体に行きつくのだろう？　二〇万二三年前に生きていたあるひとりの女性、とか？　あるいは二〇万一九七年前に生きていた、火打ち石で武装した男性？　ありえない。すぱっと切れる境界はないのだし、この連綿と続く系統はどこまでもさかのぼっていけるのである。より原始的なご先祖さまを超えて、霊長類、最初の哺乳類、恐竜、魚類、植物、バクテリア。ここからホモ・サピエンスの個体が誕生した、と明確に言うことのできる時点Xが存在しないとすれば、ここから魂が登場した、と言える確固とした時点もまた存在しないことになる。そして宗教的な意味で言うところの高次の正義や公平性が存在するとすれば、永遠の生を問題とするとき、ふたつの世代の古いほうは閉め出すが新しいほうには入り口が開いている、というふうに境界線をはっきり引くことなどできないだろう。天国では、無数の人間にまじってあらゆる種類の動物たちが巨大な群れをなして生きている。そんな想像をめぐらすのも、すてきではないか？

こんなふうに書いてきたけれど、私自身は死後の生を信じていない。そう信じられる人がうらやましくもあるが、私の想像力はそこまでの余裕がないのだ。だから私にはゼーレの最初の定義、学問的な説明があればじゅうぶんで、そのような精神活動《ゼーレ》をあらゆる動物が持っていると考えたいのである。すべてがあらかじめ設定されたメカニズムにしたがって進行し、スイッチが押される、つまりホルモンが放出されることで、特定の行動が引き起こされる。人間と同じく動物だってそんな機械的存在ではない、そう考えるのがよいと、単純に私は思う。リス、ノロジカ、あるいはイノシシには精神の働きが備わっている——私にとってそれはスープに塩が入っているくらいに当たりまえのこと。そんな思いを抱きつつ動物たちを自然のなかで観察していると、私の心は温かくなってくるのである。

# あとがき――一歩戻って

動物と接するとき、私は人間との類似性を探すのが好きだ。動物が私たちと根本的に違ったふうに感じているとは、私には思えないから。そしてどうやら私は間違っていないようだ。進化の過程でとつぜん断絶が生じ、すべてが最初からあらたに作り直された、などといった考えかたには、反論は出尽くしたと見てよいだろう。唯一残った重要な論点は、思考である。それはいまのところ、私たちがいちばんよくできる。

だが私たちにとって大きな意味を持つものでも、わが同胞たる動物たちにとってはそれほど重要ではない、ということもありうる。そうでなければ、動物は私たちと同じような発展の道を歩んできたことだろう。そもそも集中的な思考ができる力など、なくてはならないものなのだろうか？　少なくとも、満たされた人生、おだやかな暮らしにとって、そんなものはきっと必要ないのだ。休暇をとって英気を養っているとき、私たちはついこんな言葉を漏らしていないだろうか、

「いい気分だな、なんにも考えなくていいし」、なんて。じっくり考えたりなどしなくても、私たちは幸せや喜びを感じることができる。まさにそこが肝心なところなのである。感情にとっては知能の高さなど、さしあたってまったく余計なものなのだ。これまでなんども強調してきたように、本能的なプログラムを制御するのは感情であって、ゆえに感情はあらゆる動物種にとって生存に不可欠なものであり、多かれ少なかれすべての種が備えている。では動物は、生じた感情についてよく考えてみたり、あとになって思い返したり、なんども思い返すことで持続させたりできるのだろうか？　それは、とりあえずあまり重要でない。もちろん、私たちがそれをやってのけ、ゆえにその時々に生まれた感情をたぶん動物たちより強くとらえられているのは、すてきなことである。まあ、反芻するのは良い感情ばかりではないから、人間対動物は引き分け、といったところではあるけれど。

動物には幸せや苦しみを感じる力があるという話になると、学者の一部や、とりわけ農林関係の族議員からいまだに多くの反発があるのはなぜか？　すでに言及した麻酔なしでの子ブタの去勢など、手ごろな価格での飼育法や処理法によって守られているものはなにかといえば、それはおもに工業生産的な畜産だろう。あるいは、狩猟。そこでは毎年数十万頭の大型哺乳類や多くの鳥が犠牲となっているし、そのやりかたはもはや時流に合わなくなってもいる。

あらゆる議論が交わされたのち、これまでわかっていたよりずっと多くの能力が動物にあるのは認めざるをえない、という結論にいたったとしよう。するとその瞬間に、反対陣営は最後の切り札を持ち出してくる。動物の擬人化だ、と。動物を人間と同列にあつかうなどというのは、非科学的、夢想的、もしかしたら秘教的でさえある。そんな非難が、最後の最後になされるのである。論争に熱中するあまり、人間とは生物学的に言えば動物なのであって、居並ぶほかの種の列から人間だけが外れて飛び出しているわけではないという、学校でちゃんと教えられたはずの自明の理が無視されてしまうのだ。人間と動物とを同じ視点で眺めること、それは的外れなおこないではまったくない。私たちが追体験できるのは、自分で理解できるもの、同じように感じることのできるものだけである。だから、まずは私たちと同じたぐいの感情や思考過程を持っていることが明白な動物たちをできるだけ詳しく観察してみることには、大きな意味がある。空腹や喉の渇きといった感情を追体験するのは、比較的かんたんだ。けれど動物の幸福、悲しみ、思いやりをたどってみようなどと言うと、嫌悪感をもよおす人が少なくない。しかし別に、擬人化しろなんて言っているんじゃないのだ。ただよく理解しよう、というだけなのである。動物は進化上私たちの下に位置したままの愚かな被造物などではないし、たとえば痛みなどにかんして私たちが持つ感情の多彩さの、ぼんやりとした類似物を動物は与えられているだけ、というわけでもない。動物と人間とを対比することで、そのようなことがわかってくる。そう、シカやイノシシ、カラスは自分自身の生を完璧に生きている。彼らはその生を楽しんで生きている。それを理解した者はたぶん、あの小さなゾウムシ、古い森の落ち葉のなかを楽しげに這いまわっているゾウムシにだって、敬意を払うことができるのだ。

動物の感情世界などと言うと、いまだに懐疑の声が聞こえてくる。おそらくその理由のひとつには、感情や心的プロセスについて、人間においてさえ、これまで確固とした定義がなされていないことがある。幸福感、感謝、あるいは単純に思考について私がこれまで語ってきたことを、ここであらためて思い出してほしい。そういう概念はどれも、かんたんに言い換え説明することなどできなかった。自分自身にかんしてもちゃんと把握していないものを、どうしたら動物のなかに追っていけるだろう？　科学も問題解決の手助けをしてくれるわけではない。定義上客観性が要求される今日の科学では、私たちの感情というものを棚上げすることが求められるから。けれど人間はおもに感情によって動かされているのだから（「本能——感情より価値が低いの？」の章を参照）、目の前の相手の感情の動きをとらえるためのアンテナを私たちだって備えているはずだ。そして、その相手が人間ではなく動物だというだけで、そのアンテナが機能しなくなるわけがあるだろうか？

私たちは進化の過程を、ほかの種に満ちあふれた世界のなかで歩んできた。そして彼らとときに対立し、ときに協同して生きのびてきた。オオカミやクマ、野生のウマの意図を詳しく読み取ることは、見知らぬ人間の表情を読むことと同じくらいに重要だったはずである。たしかに私たちの認知能力は私たち自身を欺くことがある。イヌやネコの行動のなかに、ありもしない意味を読み取ってしまうこともある。だが多くの場合、私たちの直感は間違わない。それが私の確信なのだ。今日の科学が日々積み重ねている発見も、動物を愛する人間にとっては真の驚きとはなりえない。自分の感じかたは正しかったのだな、とお墨付きを与えてくれるくらいのものである。

動物にも感情があると認めることへの拒否反応にたびたび接していると、人間がその特別な地位を失ってしまうことへの不安感がそこには見え隠れしているなと、ふと感じることがある。もっとひどいのになると、動物の利用がさらに難しくなってしまうかも、とか、食事をしたり革のジャケットを着るたびに道徳的にそれってどうなのと考えていては、楽しむどころじゃないではないか、とか。けれど、自分の子どもに教育を施し、その子たち自身の出産を助け、自分の名前を聞きわけ、ミラーテストに合格する彼らの姿を知ったうえで、EU内だけで毎年二億五〇〇〇万頭のブタが解体処理されている事実を前にすれば、ちょっと背筋が寒くなる。(90)

それは動物にとどまらない。皆さんもたぶんどこかで読んだことがおありだろうが、木々その他の植物にも感情やさらには記憶力の存在さえ認めねばならないことを、科学はこれまで見出してきた。野菜でさえ同情されて当然なんてことになったら、私たちはどうやって道徳的な非難を受けずに栄養を摂ればいいのだろう。いや、心配しないでほしい。私は朝食の場にあらわれて重苦しい声で訴えたり、夕食の席で苦々しくアピールなどしたりしないから。だって生物界における人間の立ち位置は、ほかの多くの種と同じように、自分たち以外の生物を利用し、食べる権利と密接に結びついているのだし、それにどうやったって光合成などできないのだから。

むしろ私が望むのは、今の世界をともに生きるものたちと付き合うなかで、それが動物であろうと植物であろうと、彼らへの敬意が少しでも戻ってくればいいな、ということである。そのことが利用の断念に直結するわけではない。しかし快適さとか、生物由来の製品の消費量などをあるていど制限することにはつながるだろう。それが楽しげなウマやヤギ、ニワトリ、ブタの姿として報われるなら、満ち足り幸福そうなシカやテン、カラスを眺めることができるなら、いつの日かカラスがたがいの名前を呼び合う声に耳をすましたりできるなら――そのときは、私たちの中枢神経系のなかでホルモンが放出され、抗いようのない感情が体じゅうに広がるだろう。ああ、幸せ！

# 謝　辞

最大の感謝を、妻のミリアムに。今回も彼女は未完成の原稿になんども目を通し、紙の上に移された私の思考を批判検討してくれた。子どもたち、カリーナとトビーアスは、なにも書かれていないパソコン画面のまえで私が考え込み、もともと多くもないエピソードをひとつも思いつけずにいるときに、記憶を呼び覚ます手助けをしてくれた。ふたりとも、ありがとう！　ルートヴィヒ出版の編集チームは、テーマにかなう動物たちの姿を描き出すために、前もってコンセプトを煮詰めてくれた（ああ、私の頭のなかには、本が三冊は書けそうなほどたくさんのアイディアがブンブンうなりをあげていたのだ）。ありがとう！　最後の仕上げをしてくれたアンゲーリカ・リーケ、彼女はよけいな繰り返しや非論理的な文、つまずきを誘う箇所を指摘し、読みやすさを格段に増してくれた。忘れてならないのは私の出版代理人、ラース・シュルツェ＝コサック。彼は私を出版社とつないでくれたし、この本はそれなりのものになるのかと根本的な疑問を感じたとき、たびたび励ましの言葉をかけてくれた（『樹木たちの知られざる生活』のときも、同じように自信喪失していた私を励ましてくれたのだった）。そしてなによりも、マクシ、シュヴェンリ、フィート、ツィピィ、ブリジ、そのほかすべての四つ足、双翼を持つ協力者たちに感謝を捧げたい。彼らは私とその豊かな生を分かち合い、読者の皆さんにこうやって翻訳することを許されたすべての物語を、私に語ってくれたのだ。

# 訳者あとがき

前著『樹木たちの知られざる生活』が広く読まれることによって「ドイツでいちばん有名な森林官」となったペーター・ヴォールレーベンが、こんどは動物についての本を書いた。ドイツでは三〇万部近く売れ、二八の言語に訳されているという本書は、彼が森で出会い、あるいは家や放牧場でともに過ごした動物たちの「感情」や「意識」について、著者自身の体験と学問的な成果を絶妙に混ぜ合わせながら綴ったエッセイである。森の専門家として働くなかで鍛えた自然への観察眼を駆使して、こんどは動物たちの魅力を存分に、そして楽しそうに、語っている。(なお、ドイツ語「フェルスター」の訳語は一般的には「森林官」だが、職務内容をわかりやすくするため書名では「森林管理官」とした。)

取りあげられている動物たちは、さまざまだ。アリやハチ、チョウやガといった昆虫から、シカ、イノシシ、ノロジカなどのいわゆる狩猟動物、カラスやカケス、シジュウカラといった鳥類、ドイツで暮らせば身近にいるリスやハリネズミ、家畜としてのウマやヤギ、ブタ、ペットとして接するウサギやイヌ、さらには類人猿まで。人間と生活圏を接するそんな動物たちを取りあげて、その行動から垣間見える彼らの「内面」を、できるだけ客観的に、しかし著者自身の実感を大切にしながら、探っていくのである。動物の「内面」？　動物の「感情」？　そんなものをたんなる推測とか人間の勝手な感情移入ではなく、まともに、客観的に扱えるのだろうか？

そう、安直な納得を導くためなら動物を単純に擬人化してしまえばよい。だがヴォールレーベンは、そのぎりぎり一歩手前でとどまりながら、しかし学問的厳密さが慎重に踏み越えない領域に果敢にトライする。著者のそんな姿勢こそが本書の最大の魅力である。そのうえで、日々接する動物たちとの交流のなかで自分が得た直感を頼りに、しかしそれをつねに学問的な成果と突きあわせながら語っていくスタイルが、彼の真骨頂だ。あるインタビューで彼は、自分の本は「学問的な知見を、小説のように読める」ようにすることを目指している、と語っている。一般向けのノンフィクションとして彼の本が成功を収めている理由のひとつが、そこにある。気軽に楽しく読めるのに、読者はしぜんと科学的考察に導かれ、同時に身近な動物たちのなかに、それまで見えていなかった驚きと魅力を発見していくのだ。

そこで著者が前提とするのは、人間もほかの動物たちも同じ進化の道筋の上にいる存在であって、とくに哺乳動物においては遺伝子的にも身体の仕組み的にも多くの共通点があるということ。そうだとすれば、「感情」のありかたにも共通な部分、人間が自分に引きつけて考えることのできる基盤があるはずだ、というのである。さらにヴォールレーベンは、人間の視線だけを特権化しない。私たち人間が動物を見る視線と動物たちが私たちを見る視線をつねに対置して考えていく。ただ、「共通点」だけを取りあげているのではないところも、この本をさらに魅力的にしている。動物たちは、人間が思ってもみないようなやりかたで世界を知覚しているのだ。その実例も、学問的成果をあげつつ豊富に紹介している。

著者ヴォールレーベンの専門は、「森林官」として森林の管理運営に携わることである。ドイツ人と森。この二〇〇年ほどの両者の関係は、特別なものがある。グリム童話の舞台となり、ワンダーフォーゲル運動のはじまりを告げ、ハイキングコースで人々が余暇を楽しんでいる。今では「森の幼稚園」や「森の墓地」などもあり、ドイツ人の生活の折々に森は大切な役割を果たしている。また、単位面積当たりの木材生産量や自給率も日本より高い。ドイツ人が森を愛することは、私たちが想像する以上なのだ。その森を、木々の育成から森林整備、伐採や製材、販売などまでをトータルに管理するのが、森のスペシャリストたる「森林官《フェルスター》」である。彼らは専門学校や大学で特別な教育を受け、国家による認定を受け、赴任地で暮らしながら（担当地域にある営林署官舎《フォルストハウス》に住み込む人も多い）、原則として退官まで同じ地域を担当し続ける。ドイツでは人気の職業のひとつなのだ。

ヴォールレーベンは、ドイツの南西部ラインラント＝プファルツ州アールヴァイラー郡にある町ヒュンメルで、森林官を務めてきた。アールヴァイラーにはアイフェル山地があり、地域は林業と狩猟が盛んである。自動車好きなら、有名なサーキット、ニュルブルクリングがある土地としてご存じかもしれない。ヴォールレーベンは、この地で森林官として働きながら、前著『樹木たちの知られざる生活』のなかでも見て取れるような独特の森林観、植物観を深めていった。二〇〇六年には役所勤めを辞めてフリーの森林官となり、引き続き同地の森林管理を担当。その間に多数の著作を執筆、二〇一六年からは森林官としての仕事から引いて、執筆業と啓蒙活動に専念している。同年にヒュンメルで「森林アカデミー」を設立、森にかかわるさまざまな活動を通じて、人と自然との交流をはかっている。興味のある方は、〝Wohllebens Waldakademie〟のウェブサイトをご覧になるとよいだろう。ドイツ語でしか読めないようだけれど。

ドイツは、他のヨーロッパの国々と同様に、牧畜と狩猟とペットの国だな、といつも思う。なにしろドイツの小学生・中学生の女の子の憧れの動物ナンバーワンが、ウマなのだ。本屋に行くと少女向けウマ雑誌がいくつも置いてあり、なかはウマグラビアとかウママンガとかウマグッズが満載。実際に馬を飼っている子も多い。そして街なかでは、小さなイヌから大きなイヌまで、リードなしで歩いている。電車やバスにも乗っているし（子ども料金で乗れる）、ショッピングセンターやビアホール、レストランでも、飼い主の横にお行儀よく付き添っている。生活のパートナーとしてのイヌ、という意識が社会全体に確立しているのである。また大都会のまん中でふつうにリスを見かけるし、地方の道を夕暮れ時に歩けば、ハリネズミに出くわすこともある（彼らは夜行性なのだ）。そういえばドイツ土産でもらった缶詰は「野生肉のハンティングソーセージ」というもので、原材料を見たら「野生動物の肉」と書いてあった。なんの肉？　売っている人に聞いても、「さあ？」と言うだけだったとのこと。本書にもあるように、たぶんシカやノロジカのものなのだろう。

ドイツ語で書かれた児童文学では、シュピーリ『アルプスの少女ハイジ』にはヤギとイヌが、ボンゼルス『みつばちマーヤの冒険』にはハチが、ザルテン『バンビ』にはシカが、デンネボルク『ヤンと野生の馬』にはウマが、プロイスラー『クラバート』にはカラスが登場し、重要な役割を演じている。皆さんのなかにも、お読みになった方がいるのではないだろうか。いずれも本書にたびたび登場する動物たちだ。食べること、ともに暮らすことも含めて、ドイツにおける動物と人間との付き合いは日本とは異なる歴史と伝統を持っている。この本を読むことで、その違いも感じてほしいと思う。

私は今、動物を専門とする大学へ、週に一度ドイツ語の授業をしに行っている。正門から入るとすぐに馬場があって、朝、乗馬の訓練をする風景を見ることができる。授業のあいまに教室の窓から外を見ると、ブタたちが昼寝をしている。なみあし、はやあしのウマは人を背中に乗せながらどんな気持ちでいるのだろう、ごろりと横になっているブタはどんな夢を見ているのだろう？　本書を訳しているあいだ、そんな思いに誘われた。また、ちょうどゴリラのココの話を訳し終えた翌日の朝にココ死去のニュースがテレビで流れ、偶然の巡り合わせに驚きもした。世界はふしぎに満ちていて、それに触れることはおもしろく、楽しいのだ。この本を訳す機会を与えてくださった、編集の窪木竜也さんに感謝したい。

二〇一八年七月

82 Pika, S.: Schau Dir das an: Raben verwenden hinweisende Gesten, in: Forschungsbericht 2012 – Max-Planck-Institut für Ornithologie, https://www.mpg.de/4705021/Raben_Gesten?c=5732343&force_lang=de（2015年11月16日時点）
83 Briefer, E. F. et al.: Segregation of information about emotional arousal and valence in horse whinnies, in: Scientific Reports 4, Article number: 9989 (2015), http://www.nature.com/articles/srep09989（2015年11月14日時点）
84 https://www.ethz.ch/de/news-und-veranstaltungen/eth-news/news/2015/05/wiehern-nicht-gleich-wiehern.html
85 http://www.koko.org
86 http://www.sueddeutsche.de/wissen/tierforschung-die-intelligenz-bestien-1.912287-3（2015年12月28日時点）
87 Hu, J. C.: What Do Talking Apes Really Tell Us?, in: http://www.slate.com/articles/health_and_science/science/2014/08/koko_kanzi_and_ape_language_research_criticism_of_working_conditions_and.single.html（2015年12月28日時点）
88 http://www.duden.de/rechtschreibung/Seele#Bedeutung1（2015年9月9日時点）
89 Goschke, Thomas: Kognitionspsychologie: Denken, Problemlösen, Sprache, in: Powerpointpräsentation zur Vorlesung im SS 2013, Modul A1: Kognitive Prozesse
90 http://www.agrarheute.com/news/eu-ranking-diese-laender-schlachten-meisten-schweine（2015年12月23日時点）

68 Jouvet, M.: The states of sleep, in: Scientific American, 216 (2), S.62–68, 1967, https://sommeil.univ-lyon1.fr/articles/jouvet/scientific_american/contents.php（2016 年 1 月 17 日時点）

69 Breuer, H.: Die Welt aus der Sicht einer Fliege, in: Süddeutsche Zeitung, 19.05.2010, http://www.sueddeutsche.de/panorama/forschung-die-welt-aus-sicht-einer-fliege-1.908384（2015 年 10 月 20 日時点）

70 Maier, Elke: Frühwarnsystem auf vier Beinen, in: Max-Planck-Forschung 1/2014, S. 58–63

71 Berberich, G. und Schreiber, U.: GeoBioScience: Red Wood Ants as Bioindicators for Active Tectonic Fault Systems in the West Eifel (Germany), in: Animals, 3/2013, S. 475–498

72 http://www.gutenberg-gesundheitsstudie.de/ghs/uebersicht.html（2015 年 10 月 4 日時点）

73 Henning, Gustav Adolf: Falter tragen wieder hell, in: Die Zeit, Br. 44, 30.10.1970

74 Lebert, A. und Wüstenhagen, C.: In Gedanken bei den Vögeln, in: Zeit Wissen Nr. 4/2015, http://www.zeit.de/zeit-wissen/2015/04/hirnforschung-tauben-onur-guentuerkuen（2016 年 2 月 22 日時点）

75 Holz, G.: Sinne des Hundes, Hundeschule wolf-inside, 2011, http://www.wolf-inside.de/pdf/Visueller-Sinn.pdf（2015 年 10 月 10 日時点）

76 Reggentin, Lisa: Das Wunder der Bärtierchen, in: National Geographic Deutschland, http://www.nationalgeographic.de/aktuelles/das-wunder-der-baertierchen（2015 年 9 月 29 日時点）

77 Das Anthropozän – Erdgeschichte im Wandel, in: http://www.dw.com/de/das-anthropozän-erdgeschichte-im-wandel/a-16596966（2015 年 11 月 26 日時点）

78 http://www.gdv.de/2014/10/zahl-der-wildunfaelle-sinkt-leicht/（2015 年 12 月 10 日時点）

79 Werner, P. u. Zahner, R.: Biologische Vielfalt und Städte: Eine Übersicht und Bibliographie, in: BfN-Scripten 245, Bonn-Bad Godesberg 2009

80 Hucklenbroich, C.: Ziemlich alte Freunde, in: FAZ Wissen, 28.05.2016, http://www.faz.net/aktuell/wissen/natur/mensch-und-haushund-ziemlich-alte-freunde-13611336.html（2016 年 1 月 19 日時点）

81 http://tu-dresden.de/die_tu_dresden/fakultaeten/fakultaet_wirtschaftswissenschaften/bwl/marketing/lehre/lehre_pdfs/Mueller_IM_G1_Kommunikation.pdf（2015 年 11 月 16 日時点）

sich-ein-Wolf-niemals-zaehmen-laesst.html（2015 年 12 月 7 日時点）
54 http://www.schwarzwaelder-bote.de/inhalt.schramberg-rehbock-greift-zwei-frauen-an.9b8b147b-5ba7-4291-bbd7-c21573c6a62c.html（2015 年 8 月 16 日時点）
55 http://www.kaninchen-info.de/verhalten/kot_fressen.html ,（2015 年 12 月 20 日時点）
56 Warum Katzen keine Naschkatzen sind, in: Scinexx.de, http://www.scinexx.de/dossier-detail-607-9.html（2016 年 1 月 14 日時点）
57 Gebhardt, U.: Der mit den Füßen schmeckt, in: Zeit online vom 01.05.2012, http://www.zeit.de/wissen/umwelt/2012-04/tier-schmetterling（2016 年 1 月 14 日時点）
58 Derka, H.: Weil das Stinken so gut riecht, in: kurier.at, http://kurier.at/thema/tiercoach/weil-das-stinken-so-gut-riecht/62.409.723（2015 年 10 月 6 日時点）
59 http://www.canosan.de/wurmbefall.aspx（2015 年 9 月 21 日時点）
60 http://www.spiegel.de/panorama/suedafrika-loewen-zerfleischen-ihre-beute-zwischen-autofahrern-a-1043642.html（2015 年 9 月 4 日時点）
61 Dr. Petrak, Michael: Rotwild als erlebbares Wildtier – Folgerungen aus dem Pilotprojekt Monschau-Elsenborn für den Nationalpark Eifel, in: Von der Jagd zur Wildbestandsregulierung, NUA-Heft Nr. 15, Seite 19, Natur- und Umweltschutz-Akademie des Landes Nordrhein-Westfalen (NUA), Mai 2004
62 http://www.welt.de/welt_print/wissen/article5842358/Wenn-der-Schreck-ins-Erbgut-faehrt.html（2015 年 12 月 9 日時点）
63 Spengler, D.: Gene lernen aus Stress, in: Forschungsbericht 2010 –Max-Planck-Institut für Psychiatrie, München, https://www.mpg.de/431776/forschungsSchwerpunkt（2015 年 12 月 9 日時点）
64 Stockholm-Syndrom: Wenn das Gute zum Bösen wird, in:Der Spiegel, 24.08.2006
65 Lattwein, R: Bienen – Artenvielfalt und Wirtschaftsleistung, S. 8, herausgegeben u. a. vom ökologischen Schulland Spohns Haus Gersheim und dem Ministerium für Umwelt des Saarlandes, Saarbrücken 2008
66 http://www.sueddeutsche.de/panorama/braunbaerinnen-sex-mit-vielen-maennchen-1.857685（2015 年 10 月 10 日時点）
67 Rats dream about their tasks during slow wave sleep, in: MIT news, 18.05.2001, http://news.mit.edu/2002/dreams（2016 年 1 月 17 日時点）

sueddeutsche.de/wissen/schamgefuehle-peinlich-1.830530（2016 年 1 月 3 日時点）
42 Steiner, A. und Redish, D.: Behavioral and neurophysiological correlates of regret in rat decision-making on a neuroeconomic task, in: Nature Neuroscience 17, 995–1002 (2014), 08.06.2014
43 Glauben Sie niemals Ihrem Hund, in: taz, 27.02.2014, http://www.taz.de/!5047509/（2016 年 1 月 13 日時点）
44 Range, Friederike et al.: The absence of reward induces inequity aversion in dogs, communicated by Frans B. M. de Waal, Emory University, Atlanta, GA, October 30, 2008 (received for review July 21, 2008), pnas.0810957105, vol. 106 no. 1, 40–345, doi: 10.1073
45 Massen, J. J. M., et al.: Tolerance and reward equity predict cooperation in ravens (Corvus corax), in: Scientific Reports 5, Article number: 15021 (2015), doi:10.1038/srep15021
46 Ganguli, I.: Mice show evidence of empathy, in: The Scientist, 30.06.2006, http://www.the-scientist.com/?articles.view/articleNo/24101/title/Mice-show-evidence-of-empathy/（2006 年 10 月 18 日時点）
47 Loren J. Martin et al.: Reducing Social Stress Elicits Emotional Contagion of Pain in Mouse and Human Strangers, in: Current Biology, DOI: 10.1016/j.cub.2014.11.028
48 Kollmann, B.: Gemeinsam glücklich, in: Berliner Morgenpost vom 02.02.2015, http://www.morgenpost.de/printarchiv/wissen/article137015689/Gemeinsam-gluecklich.html（2015 年 11 月 30 日時点）
49 Kaufmann, S.: Spiegelneuronen, in: Alles Nerven-Sache – wie Reize unser Leben steuern, Sendung »Planet Wissen« vom 07.11.2014, ARD
50 http://www.wissenschaft-aktuell.de/artikel/Auch_Bakterien_verhalten_sich_selbstlos___zum_Wohl_der_Gemeinschaft1771015587059.html（2015 年 10 月 25 日時点）
51 Carter GG, Wilkinson GS: 2013 Food sharing in vampire bats: reciprocal help predicts donations more than relatedness or harassment. Proc R Soc B 280: 20122573. http://dx.doi.org/10.1098/rspb.2012.2573（2015 年 10 月 26 日時点）
52 http://www.zeit.de/wissen/umwelt/2014-06/tierhaltung-wolf-hybrid-hund（2015 年 8 月 16 日時点）
53 Lehnen-Beyel, I.: Warum sich ein Wolf niemals zähmen lässt, in: Die Welt, 20.01.2013, http://www.welt.de/wissenschaft/article112871139/Warum-

veterinärmedizinischen Universität Wien vom 18.09.2013
27 Wenn Bienen den Heimweg nicht finden – Pressemitteilung Nr. 092/2014 vom 20.03.2014, Freie Universität Berlin
28 Klein, S.: Die Biene weiß, wer sie ist, in: Zeit Magazin Nr. 2/2015, 25.02.2015, http://www.zeit.de/zeit-magazin/2015/02/bienen-forschung-randolf-menzel (2016 年 1 月 9 日時点)
29 Klein, S.: Die Biene weiß, wer sie ist, in: Zeit Magazin Nr. 2/2015, 25.02.2015, http://www.zeit.de/zeit-magazin/2015/02/bienen-forschung-randolf-menzel (2016 年 1 月 9 日時点)
30 http://www.tagesspiegel.de/berlin/fraktur-berlin-bilder-aus-der-kaiserzeit-vom-pferd-erzaehlt/10694408.html (2015 年 9 月 2 日時点)
31 Lebert, A. und Wüstenhagen, C.: In Gedanken bei den Vögeln, in: Zeit Wissen Nr. 4/2015, http://www.zeit.de/zeit-wissen/2015/04/hirnforschung-tauben-onur-guentuerkuen (2015 年 12 月 4 日時点)
32 http://www.spiegel.de/video/rodelvogel-kraehe-auf-schlittenfahrt-video-1172025.html (2015 年 11 月 16 日時点)
33 Jeschke, Anne: Zu welchen Gefühlen Tiere wirklich fähig sind, http://www.welt.de/wissenschaft/umwelt/article137478255/Zu-welchen-Gefuehlen-Tiere-wirklich-faehig-sind.html (2015 年 8 月 10 日時点)
34 Cerutti, H.: Clevere Jagdgefährten, in: NZZ Folio, Juli 2008, http://folio.nzz.ch/2003/juli/clevere-jagdgefahrten (2015 年 10 月 19 日時点)
35 http://www.daserste.de/information/wissen-kultur/w-wie-wissen/sendung/raben-100.html (2015 年 10 月 19 日時点)
36 http://www.swr.de/odysso/-/id=1046894/nid=1046894/did=8770472/18hal4o/index.html (2015 年 10 月 21 日時点)
37 Plüss, M.: Die Affen der Lüfte, in: Die Zeit, Nr. 26, 21.06.2007
38 Broom, D. M. et al: Pigs learn what a mirror image represents and use it to obtain information, in: Animal Behaviour Volume 78, Issue 5, November 2009, Seite 1037–1041
39 https://www.mcgill.ca/newsroom/channels/news/squirrels-show-softer-side-adopting-orphans-163790 (2015 年 10 月 29 日時点)
40 Kneppler, Mathias: Auswirkungen des Forst- und Alpwegebaus im Gebirge auf das dort lebende Schalenwild und seine Bejagbarkeit, Abschlussarbeit des Universitätslehrgangs Jagdwirt/-in an der Universität für Bodenkultur Wien Lehrgang VI 2013/2014, Seite 7
41 Hermann, S.: Peinlich, in: Süddeutsche Zeitung, 30.05.2008, http://www.

13 Evers, M.: Leiser Tod im Topf, in: Der Spiegel 52/2015, Seite 120

14 Stelling, T.: Do lobsters and other invertebrates feel pain? New research has some answers, in: The Washington Post, 10.03.2014, https://www.washingtonpost.com/national/health-science/do-lobsters-and-other-invertebrates-feel-pain-new-research-has-some-answers/2014/03/07/f026ea9e-9e59-11e3-b8d8-94577ff66b28_story.html（2015年12月19日時点）

15 Dugas-Ford, J. et al.: Cell-type homologies and the origins of the neocortex, in: PNAS, 16. Oktober 2012, vol. 109 no. 42, S. 16974–16979

16 C. R. Reid et al.: Slime mold uses an externalized spatial »memory« to navigate in complex environments. Proceedings of the National Academy of Sciences. doi: 10.1073/pnas.1215037109

17 http://www.daserste.de/information/wissen-kultur/wissen-vor-acht-zukunft/sendung-zukunft/2011/schleimpilze-sind-schlauer-als-ingenieure-100.html（2015 年 10 月 13 日時点）

18 http://de.statista.com/statistik/daten/studie/157728/umfrage/jahresstrecken-von-schwarzwild-in-deutschland-seit-1997-98/（2015 年 11 月 28 日時点）

19 Boddereas, E.: Schweine sprechen ihre eigene Sprache. Und bellen., in: www.welt.de vom 15.01.2012, http://www.welt.de/wissenschaft/article13813590/Schweine-sprechen-ihre-eigene-Sprache-Und-bellen.html（2015 年 11 月 29 日時点）

20 http://www.welt.de/print/wams/lifestyle/article13053656/Die-grossen-Schwindler.html（2015 年 10 月 19 日時点）

21 http://www.ijon.de/elster/verhalt.html（2015 年 12 月 3 日時点）

22 http://www.nationalgeographic.de/aktuelles/ist-der-fuchs-wirklich-so-schlau-wie-sein-ruf（2016 年 1 月 21 日時点）

23 Shaw, RC, Clayton, NS. 2013 Careful cachers and prying pilferers: Eurasian jays (Garrulus glandarius) limit auditory information available to competitors. Proc R Soc B 280: 20122238. http://dx.doi.org/10.1098/rspb.2012.2238 ,（2016 年 1 月 1 日時点）

24 Gentner, A.: Die Typen aus dem Tierreich, in: GEO 02/2016, S. 46–57, Hamburg

25 Turbill, C. et al.: Regulation of heart rate and rumen temperature in red deer: effects of season and food intake. J Exp Biol. 2011; 214(Pt 6): 963–970

26 Persönlichkeitsunterschiede: Für Rothirsche wird soziale Dominanz in mageren Zeiten ganz schön teuer, in: Presseinformation der

# 参考文献


1 Simon, N.: Freier Wille – eine Illusion?, in: stern.de, 14.04.2008, http://www.stern.de/wissenschaft/mensch/617174.html（2015 年 10 月 29 日時点）

2 https://www.mcgill.ca/newsroom/channels/news/squirrelsshow-softer-side-adopting-orphans-163790（2015 年 10 月 29 日時点）

3 http://www.welt.de/vermischtes/kurioses/article13869594/Bulldogge-adoptiert-sechs-Wildschwein-Frischlinge.html（2015 年 10 月 30 日時点）

4 http://www.spiegel.de/panorama/ungewoehnliche-mutterschaft-huendin-saeugt-14-ferkel-a-784291.html（2015 年 11 月 1 日時点）

5 DeMelia, A.: The tale of Cassie and Moses, in: The Sun Chronicle, 05.09.2011, http://www.thesunchronicle.com/news/the-taleof-cassie-and-moses/article_e9d792d1-c55a-51cf-9739-9593d39a8ba2.html（2011年9月5日時点）

6 Joel, A.: Mit diesem Delfin stimmt etwas nicht, in: Die Welt, 26.12.2011, http://www.welt.de/wissenschaft/umwelt/article13782386/Mit-diesem-Delfin-stimmt-etwas-nicht.html（2015 年 11 月 30 日時点）

7 http://user.medunigraz.at/helmut.hinghofer-szalkay/XVI.6.htm（2015 年 10 月 19 日時点）

8 Stockinger, G.: Neuronengeflüster im Endhirn, in: der Spiegel 10/2011, 05.03.2011, Seiten 112–114

9 Feinstein, J. S. et al.: The Human Amygdala and the Induction and Experience of Fear, in: Current Biology Nr. 21, 11.01.2011, S. 34–38

10 Portavella, M. et al.: Avoidance Response in Goldfish: Emotional and Temporal Involvement of Medial and Lateral Telencephalic Pallium, in: The Journal of Neuroscience, 03.03.2004, S. 2335–2342

11 Breuer, H.: Die Welt aus der Sicht einer Fliege, in: Süddeutsche Zeitung, 19.05.2010, http://www.sueddeutsche.de/panorama/forschung-die-welt-aus-sicht-einer-fliege-1.908384（2015 年 10 月 20 日時点）

12 http://www.spiegel.de/wissenschaft/natur/angelprofessor-robert-arlinghaus-ueber-den-schmerz-der-fische-a-920546.html（2015 年 11 月 11 日時点）

動物《どうぶつ》たちの内《うち》なる生活《せいかつ》
森林管理官が聴いた野生の声
2018年8月10日　初版印刷
2018年8月15日　初版発行
＊
著　者　ペーター・ヴォールレーベン
訳　者　本田雅也《ほんだまさや》
発行者　早川　浩
＊
印刷所　中央精版印刷株式会社
製本所　中央精版印刷株式会社
＊
発行所　株式会社　早川書房
東京都千代田区神田多町2－2
電話　03-3252-3111（大代表）
振替　00160-3-47799
http://www.hayakawa-online.co.jp
定価はカバーに表示してあります
ISBN978-4-15-209789-7　C0040
Printed and bound in Japan
乱丁・落丁本は小社制作部宛お送り下さい。
送料小社負担にてお取りかえいたします。